W0306898

VERKEHRSGESCHICHTE

Stellwerke

VERKEHRSGESCHICHTE

Erich Preuß

Stellwerke

transpress

Einbandgestaltung: Sven Rauert

Titelbild: Das Befehlsstellwek von 1908 auf dem
Bayerischen Bahnhof in Leipzig (1997).
Foto: Preuß

Eine Haftung des Autors oder des Verlages und
seiner Beauftragten für Personen-, Sach- und
Vermögensschäden ist ausgeschlossen.

ISBN: 3-613-71196-6

© 2002 by transpress Verlag,
Postfach 10 37 43, 70032 Stuttgart.
Ein Unternehmen der Paul Pietsch Verlage
GmbH & Co.

1. Auflage 2002

Der Nachdruck, auch einzelner Teile, ist verboten.
Das Urheberrecht und sämtliche weiteren Rechte sind
dem Verlag vorbehalten. Übersetzung, Speicherung,
Vervielfältigung und Verbreitung einschließlich Übernahme auf elektronische Datenträger wie CD-ROM,
Bildplatte usw. sowie Einspeicherung in elektronische
Medien wie Bildschirmtext, Internet usw. sind ohne
vorherige schriftliche Genehmigung des Verlages _unzulässig und strafbar.

Lektorat: Dirk Endisch
Innengestaltung: Viktor Stern
Scans: digi bild reinhardt, 73037 Göppingen
Druck: Fotolito LONGO, I-39100 Bozen
Bindung: Fotolito LONGO, I-39100 Bozen
Printed in Italy

Vorwort

Mit jedem Gleisbildstellwerk, erst recht mit jedem elektronischen Stellwerk wurde die Eisenbahnsicherungstechnik zwar bereichert, zugleich ging und geht – getreu dem Motto »Das Bessere ist der Feind des Guten« – ein Stück der Eisenbahn- und Technikgeschichte verloren, zu der die mechanischen Stellwerke, »die mit dem Hebel«, gehörten. Auch die Bahnhöfe verlieren einen Teil ihres Ensembles, jenes Teils, das eben typisch Eisenbahn war.

Das Stellwerk blieb immer im Hintergrund der Eisenbahnlandschaft, »Unbefugte« erhielten keinen Zutritt zu ihm. Was dort vorging, war und ist für viele ein Buch mit sieben Siegeln. Dementsprechend war das Stellwerk und seine Technik in der Eisenbahnliteratur allenfalls durch Aufsätze für ausgesprochene Fachleute zu finden. In den Publikationen des Eisenbahn-Hochbaus wurden die Stellwerke erst recht vernachlässigt. Sogar in Standardwerken über die Bahnhofsarchitektur wurde nur über Empfangsgebäuden, nicht aber über Stellwerke geschrieben.

Deshalb war es höchste Zeit, in der Reihe »Verkehrsgeschichte« über die Stellwerke zu schreiben. 1996, mit der 1. Auflage, sollte ein Fingerzeig gegeben werden, dass die Stellwerke »aus Kaisers Zeiten« verschwinden, zumal auf vielen Strecken ohnehin nur die Zentralstellwerke mit der Spurplan-Relaistechnik anzutreffen waren.

Außerdem sollte den Laien unter den Lesern eine Einführung in die neuartige Entwicklung der elektronischen Stellwerke gegeben werden. Trotz meines Bemühens, allgemein verständlich zu bleiben, ließen sich Fachbegriffe nicht vermeiden. Die Sicherungstechnik der Eisenbahn lässt sich nicht versimplifizieren. Schon wegen des beschränkten Umfangs bin ich nicht auf den Bahnhofs- und Streckenblock, die elektrische Sicherung der Zugfahrten, und auch nicht auf die Außenanlagen eingegangen.

Da das 1996 noch in Broschur erschienene Buch gut aufgenommen wurde, entschloss sich der Verlag zu einer zweiten Auflage – nun mit farbigen Abbildungen und im festen Einband. Das Buch korrigiert selbstverständlich die Fehler der ersten Auflage und berücksichtigt zugleich die neueste Entwicklung, die die elektronischen Stellwerke genommen haben. Einerseits gibt es jetzt auch Sonderformen für Regionalbahnstrecken, andererseits ist die Entwicklung zu wenigen Betriebszentralen voll im Gang. Auch bin ich jetzt auf bestimmte Sonderbauformen, wie »Relais 51« und »Gaselan«, eingegangen.

Bei der Auswahl der Illustrationen musste ich aber auch feststellen, dass viele der hier abgebildeten Stellwerke nicht mehr vorhanden sind, sodass nur noch an sie erinnert werden kann.

Bei der Recherche der ersten Auflage unterstützten mich die Herren Peter Münchschwander, damals Vorstand Fahrweg der Deutschen Bahn, Bernd Kuhlmann (Berlin), Thomas Neurohr (Regionalbereich Saarbrücken), Manfred Kuhbier (Regionalbereich Hannover), alle vom Geschäftsbereich Fahrweg der Deutschen Bahn, Kurt Beulich (Berlin) und Ulrich Constantin (Cottbus), das Siemens-Museum in München, der Unternehmensbereich Transportsysteme von Alcatel SEL in Stuttgart sowie die Damen und Herren der Bibliothek des Museums für Verkehr und Technik Berlin, jetzt Deutsches Technik-Museum genannt.

Für die kritischen Hinweise danach und die Unterstützung bei der zweiten Auflage danke ich neuerlich Kurt Beulich und Bernd Kuhlmann sowie Christian Lohner und Benno Wiesmüller.

Berlin, im Juli 2002
Erich Preuß

Inhalt

1. Vielfalt und Perfektion: Die mechanischen Stellwerke

»Die Aufstellung aller Hebel an einem Ort und ihre gegenseitige Abhängigkeit derart voneinander, daß bei falscher Weichenstellung das zugehörige Signal nicht auf Fahrt gestellt und bei Fahrtstellung die Weiche nicht umgestellt werden kann«, heißt Stellwerk, so erklärt das Ende des 19. Jahrhunderts in Leipzig erschienene »Buch der Erfindungen«. Die für die Eisenbahn so markante tech-

Vermutlich ist das Stellwerk in Raeren (Nordbelgien) das Letzte der Bauform Saxby, typisch mit den langen, bis zum Erdgeschoss reichenden Hebeln. Foto: Lohner

nische Einrichtung wurde auch Zentralapparat genannt, denn sie konzentrierte verschiedene Bedienungshandlungen, die Zug- und Rangierfahrten ermöglichten, an eine Stelle. Sie entsprach auch den Grundsätzen, denen sich jede Bahnverwaltung verpflichtet fühlte: Sicherheit, Wirtschaftlichkeit und Leistungsfähigkeit.

Bereits um 1840 lautete eine der Vorschriften: Solange das Signal für eine Strecke auf Fahrt steht, muss das andere, das »feindliche« Signal, auf Halt verschlossen bleiben. Das war das Minimum für die Sicherheit der Züge im Bahnhof, wobei es nicht allein dem Eisenbahnpersonal überlassen werden sollte, ob es diese Vorschrift einhielt oder nicht. Ein wenig technischer Zwang sollte schon sein. Zwar hatte Sir Hutton Charles Gregory 1841 auf der London and Croydon Railway als erster den gegenseitigen Ausschluss zweier benachbarter Signale hergestellt und 1843 die erste Fernbedienung von Weichen und Signalen in England gebaut, aber die technischen Vorkehrungen genügten nicht der genannten Vorschrift. Gregory hatte mehr die Rationalisierung des Eisenbahnbetriebs im Sinn.

Von seinem Stellwerk führten Gestängeleitungen zu den Weichen und einfache Drahtzüge zu den Signalen. Indem die Weichen von einem zentralen Punkt umgestellt wurden, sollten die zwischen den Gleisen arbeitenden Weichensteller von ihrer gefährlichen Arbeit befreit sein. Man brauchte sie nicht mehr. 1850 führte Gregory Abhängigkeiten zwischen Weichen und Signalen ein. Atkinson war es, der als erster 1852 die gegenseitige Abhängigkeit zwischen einer Weiche und dem Signal einführte, sodass das Signal nur bei richtiger Weichenstellung den Fahrtbegriff zeigen konnte und die Weichen dabei verschlossen blieben. 1855 soll Pierre Auguste Vignier für die Paris-St.-Germain-Bahn die erste Anlage gebaut haben, in der die beiden Grundsätze – Zentralisierung und gegenseitiger Ausschluss »feindlicher« Signalstellungen – vereinigt waren.

Innerhalb des Stellwerks wie auch zwischen den Stellwerken wurden im Laufe der Zeit mehrere Abhängigkeiten geschaffen:

- zwischen einzelnen Signalen, um zu verhindern, dass für gegenseitig sich ausschließende Fahrten Signale auf Fahrt gestellt werden können. Laienhaft spricht man von »feindlichen« Signalen.
- zwischen Weichen und Signalen, um die richtige Lage der Weichen zu sichern, bevor ein Signal auf Fahrt gestellt wird, und sie festzuhalten, solange es auf Fahrt steht (Signalabhängigkeit).
- zwischen den Stellwerken benachbarter Bahnhöfe, Blockstellen und/oder Abzweigstellen.

Mit den technischen Lösungen, solche Abhängigkeiten zu schaffen, um menschliche Fehlhandlungen auszuschließen und den Betrieb »rasch, aber nicht überstürzt« ausüben zu können, beschäftigten sich die Konstrukteure über Jahrzehnte bis in unsere Gegenwart. Im mechanischen Stellwerk war es vor allem das Verschlussregister, das falsche Weichenstellungen verhinderte. Es charakterisierte auch die unterschiedlichen Bauformen.

1856 erhielt Saxby ein Patent auf seine Vorrichtung einer »Signalabhängigkeit«. Mit John Stinson Farmer gründete er 1862 die »Interlocking apparatuses«, die fast alle Eisenbahnen der Erde belieferte. Auch die preußische Eisenbahndirektion in Stettin hatte davon gehört, und so fragte sie bei der Kölnischen Maschinenfabrik in Bayenthal an, ob es möglich wäre, die bei englischen Bahnen verwendeten Stellapparate für Weichen und Signale herzustellen. Die Firma beauftragte ihren Ingenieur Theodor Henning, im Sommer 1867 nach London zu reisen, sich die Anlagen anzusehen und ein Gutachten zu verfassen.

Der nahm den Regierungsbaumeister Busse von der Eisenbahndirektion Stettin mit, und beide stellten nach Beobachtungen fest, dass die Hebelwerke mit festbegrenzten Endstellungen der Weichen- und Signalhebel zwar untereinander zuverlässig funktionierten, doch ungenügend und sogar Gefahr bringend arbeiteten die Teile, die die Verbindung zwischen Weichenhebel und Weiche herstellten. Die Stell- und Riegelleitungen, die die von Zügen spitzbefahrenen Weichen[1] in der Endlage verschließen sollten, bestanden aus schmiedeeisernen Rohren von 32 mm (Stellleitungen) bzw. 26 mm (Riegelleitungen) Durchmesser. Damit bei Temperaturschwankungen die Längenänderungen ausgeglichen werden konnten, waren in jedem Gestänge 60 mm lange Muffen mit Rechts- und Linksgewinde eingefügt. Eine Anzahl von Arbeitern war damit beschäftigt, je nach Temperaturstand die Muffen zu drehen und dadurch die Länge der Gestänge zu halten.

In England war die Sicherheit des Zugbetriebs von der Zuverlässigkeit des Unterhaltungspersonals abhängig. Regulierte es das Gestänge nicht richtig, kamen die Weichenzungen nicht in die Endlage, und Fahrzeuge konnten entgleisen. Denn beim Temperaturunterschied von 50° Grad Celsius zwischen Sommer und Winter änderte sich die Länge jeden Meters Gestänge um 0,61 mm. 16 m Gestängeleitung ließ ohne Regulierung die Weichenzungen um 10 mm klaffen. Nicht nur das: Ein Riegelhebel ließ sich ohne besonderen Kraftaufwand umstellen, selbst wenn sich die Weiche nicht in der zugehörigen Stellung befand. Das Gestänge bildete dann eine Wellenlinie. Es war viel zu schwach. Die Gestängeleitungen konnte man auch nur für kürzere Stellleitungen verwenden, sie schränkten den Umfang eines Stellwerkbezirks räumlich sehr ein, sodass alle größeren Bahnhöfe in eine beträchtliche Zahl von Stellwerksbezirken zerfielen.

Nachdem Hennings Gutachten vorlag, sah die Eisenbahndirektion Stettin davon ab, für ihre Bahnhöfe solche Anlagen zu bestellen. Hennning schlug vor, statt der Muffen, alle 8 bis 10 m einen Ausgleichshebel für die Längenänderung der Gestänge einzubauen. Außerdem erhielten alle Weichen ein Laternensignal, sodass der Wärter die übereinstimmende Lage von Weichenzungen und Stellhebeln prüfen konnte. Die englischen

Das Verschlussregister Original Saxby in Raeren besteht aus zwei Ebenen. In der oberen Ebene sehen wir die Schubstangen der Weichen- (blau), der Riegel- (schwarz), der Fahrstraßen- (grün) und die der Signalhebel (rot). Foto: Lohner

Bahnen griffen Hennings Ausgleichshebel auf, und die Eisenbahndirektion Stettin bestellte für die Einfahrt in den Güterbahnhof ein Stellwerk, das die Firma Saxby & Farmer in London Ende 1867 lieferte. Henning leitete die Montage. Aus Köln kamen die ergänzenden Einrichtungen. Überliefert

1 Spitzbefahren wird eine Weiche, wenn ein Fahrzeug die Weiche von der Weichenspitze aus in Richtung Herzstück befährt.

Verwaltungsgebäude der Maschinenfabrik Bruchsal A.-G. vormals Schnabel & Henning.
Abbildung aus: Das deutsche Eisenbahnwesen der Gegenwart 1911

ist, dass nach kurzer Zeit mehr als die Hälfte des Stellwerks außer Betrieb gesetzt werden musste. Die Weichen wurden in einer Folgeabhängigkeit – einer so genannten Kaskade – nacheinander gegenseitig verschlossen, was natürlich den Rangierbetrieb sehr aufhielt.

Die Gestängeleitungen wurden auch in Deutschland angewendet und hielten sich in einzelnen Stellwerksbezirken bis in die jüngste Vergangenheit. Allerdings hatte man bereits die englischen Missstände berücksichtigt; die Rohre wurden schmaler (mit 42 mm Durchmesser) ausgeführt, alle 5 m durch Muffen mit Schaulöchern verbunden und alle 3 bis 4 m durch Walzenstühle geführt. Die von Henning ausgeführten Ausgleichshebel bewirkten neben der Längenänderung bei Temperaturunterschieden, dass die Bewegungsrichtung abschnittsweise umgekehrt werden konnte. Regulierungen waren nicht notwendig. Trotzdem blieben die Gestänge nachteilig.

1867 verhandelte auch die Direktion der Braunschweigischen Eisenbahn mit Saxby & Farmer wegen der Lieferung von Stellwerkseinrichtungen, und zwar für den Bahnhof Börßum. Er liegt an der Stammstrecke Braunschweig–Bad Harzburg und besaß bis 1856 nur eine Weiche. Als die Braunschweiger Südbahn Börßum–Salzgitter–Kreiensen angebunden wurde, erhielt Börßum 20 Weichen und den ersten deutschen »Centralapparat«. Die Bahn bezog dieses Stellwerk jedoch nicht aus London, sondern von der Maschinenfabrik in Bayenthal. Innen- und Außenteile waren der Bauart Saxby & Farmer nachgebildet. In der Literatur liest man häufig, das Stellwerk sei ungeeignet gewesen. Das mag sein, aber man gewann reichlich Erfahrung mit ihm, zum Beispiel, wie solide die Fernbedienung von Weichen hergestellt sein und was mit Rücksicht auf deutsche Verhältnisse anders sein musste. Bei diesen Versuchen arbeiteten Henning und Heinrich Büssing von der Braunschweigischen Eisenbahn zusammen, was Folgen haben sollte. Denn Theodor Henning verließ die Firma im Mai 1869 und gründete mit seinem Studienfreund Adolf Schnabel die Firma Schnabel & Henning in Bruchsal, um Stellwerke zu bauen. Auch Büssing schied aus dem Unternehmen aus und diente der neuen Eisenbahnsignalbauanstalt G. Ungnade in Braunschweig, die ebenfalls Stellwerksanlagen herstellte.

1868 wurde die zweigleisige Strecke Börßum–Jerxheim eröffnet und auch ein großer Teil der Strecke Börßum–Kreiensen auf zweigleisigen

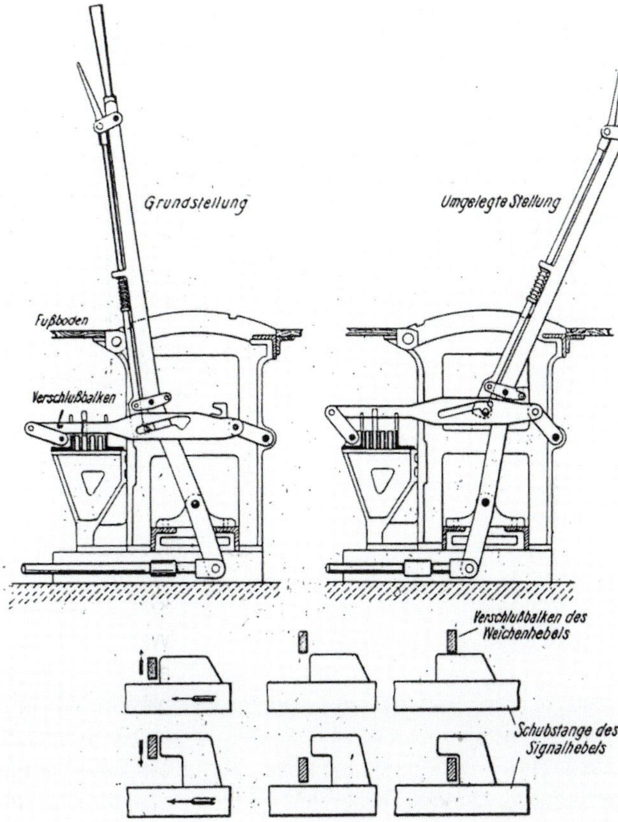

Signalhebel des Systems Rüppell-Büssing: Der Querriegel unterhalb des Stellwerkfußbodens hielt die quer liegenden Schubstangen der Weichen fest.
Abbildung aus: Czygan: Die Eisenbahn in Wort und Bild

Betrieb umgestellt. Wegen des Umbaus des Südkopfes vom Bahnhof Börßum waren ohnehin neue Stellwerkseinrichtungen notwendig, und so bestellte die Braunschweigische Eisenbahn für Börßum und für den Bahnhof Jerxheim bei Saxby & Farmer zwei Stellwerke mit je 25 Hebeln, die von der neuen Braunschweiger Stellwerksfirma bis 1870 aufgestellt wurden. Büssing waren das Hebelwerk und das englische Verschlussregister zu kompliziert. Seine Neuerungen baute er in das Anfang 1873 für den Bahnhof Halberstadt gelieferte Stellwerk ein, bei dem die Schubstangen waagerecht nebeneinander und nicht wie bei Saxby & Farmer senkrecht übereinander angeordnet waren.

Auch in Bruchsal hatte man die Schwächen des englischen Stellwerks, insbesondere des Verschlussregisters, erkannt. Saxby & Farmer hatten, um Weichen- und Signalhebel gegenseitig abhängig zu machen, für jeden Hebel eine besondere Längsschubstange vorgesehen. Die Schubstangen der Weichenhebel hielten die abhängigen Signalhebel so lange verschlossen, bis die Weichenhebel in die für die Fahrtstellung des Signals erforderliche Stellung gebracht worden waren. Solange der Signalhebel in der Fahrtstellung war, hielten die Längsschubstangen die Weichenhebel fest.

Schnabel und Henning bauten 1870 ein Verschlussregister aus sich kreuzenden Längs- und

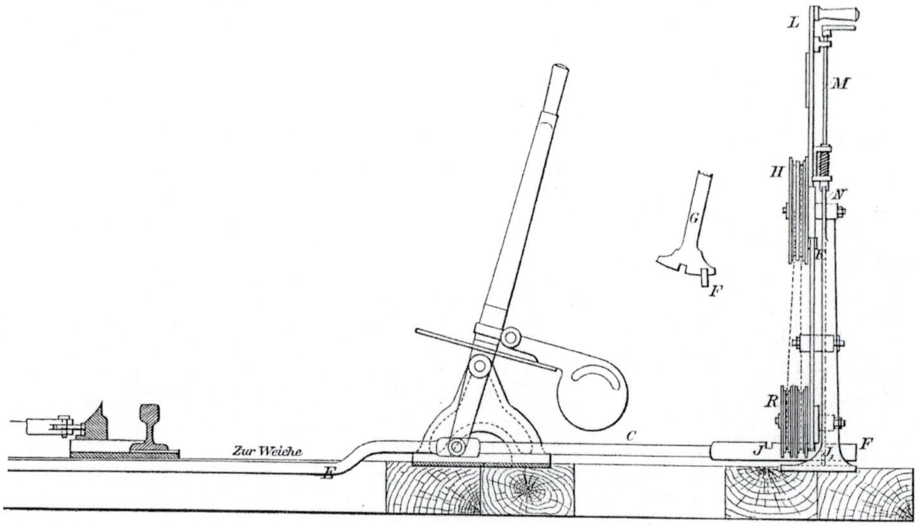

Freistehender Signalbock mit Weichenriegel von Jüdel & Co. Abbildung aus: Czygan: Die Eisenbahn in Wort und Bild

Querschubstangen. Die von den Signalhebeln gesteuerten Teile fanden an den von den Weichenhebeln bewegten ein Hindernis, solange die Weichen für das umzustellende Signal nicht in der richtigen Lage waren. Hatte man den Signalhebel umgelegt, waren die von den Weichenhebeln gesteuerten Teile an der Bewegung gehindert. Die von den Signalhebeln verschobenen Teile ruhten in Schlitzen, die sich hakenförmig umfassten oder sich gegen sie stützten.

1873 ging die Braunschweigische Eisenbahnsignalbauanstalt an die Firma Max Jüdel & Co über. Die kaufmännische Leitung übernahm Max Jüdel, Büssing die technische. Die neue Firma setzte sich mit dem Oberingenieur Rüppell in Verbindung, der in einer Zeitschrift 1869 sein für die Rheinische Bahn entwickeltes Verschlusssystem beschrieben hatte.

Bei Rüppell hielt der Signalhebel die Weichen seiner Fahrstraße mithilfe eines Querriegels fest, der in die längs laufenden Schubstangen der Weichen und der nicht durch die Weichenlage ausgeschlossenen Signale eingriff. Das war eine Abkehr vom englischen Prinzip. Die Fahrstraße der Züge in den Bahnhöfen wurde so vor dem Rangierverkehr geschützt. Sie musste zur Grundlage der Sicherungsabhängigkeiten werden. Der preußische Minister für Handel, Gewerbe und Öffentliche Arbeiten lenkte im Erlass vom 18. November 1869 die Aufmerksamkeit der Bahnverwaltungen auf diese Sicherheitseinrichtung, und der zweite Erlass vom 21. Dezember 1873 forderte, die Stellung der Einfahrweichen mit der Stellung der Einfahrsignale in gegenseitige Abhängigkeit zu bringen – in das Bahnpolizeireglement ist diese Vorschrift erst 1885 eingegangen.

Das, was man später Signalabhängigkeit nannte, wurde in der Firma Jüdel weiterentwickelt, als System Rüppell, Patent Büssing bezeichnet und oft verwendet. Das erste Stellwerk dieser Art wurde auf dem Bahnhof Barleben (Magdeburg-Halberstädter Eisenbahn) errichtet. Büssing führte 1875 die längs laufenden Schubstangen und die Verschlusselemente ein, die mit dem Verschlussbalken der Weichenhebel in Wechselwirkung stan-

Ansicht der Firma Max Jüdel & Co in Braunschweig. Abbildung aus: Das deutsche Eisenbahnwesen der Gegenwart 1911

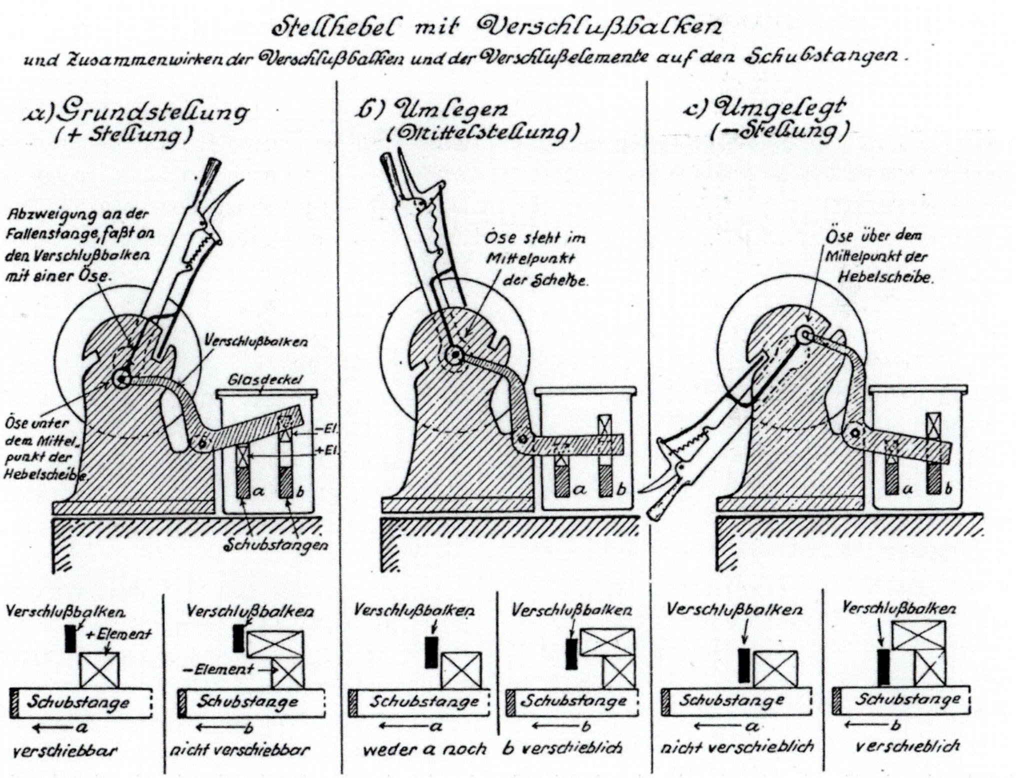

Wie Stellhebel und Verschlussbalken wirken. Abbildung aus: Czygan: Die Eisenbahn in Wort und Bild

Carl Frischen, der vielseitige Ingenieur vom Berliner Signalwerk Siemens & Halske, erfand auch das Kurbelwerk. Abbildung: Slg. Erich Preuß

den. Zu dieser Zeit besaßen die Stellhebel im Stellwerk (damals als Lang- oder Stehhebel bezeichnet, die bis 1888 eingebaut wurden) den Drehpunkt und die Schubstangen unterhalb des Fußbodens, und die Weichen waren durch Rohrgestänge, die Signale durch einfachen Drahtzug statt Gestänge angeschlossen.

Aber auch die ortsbedienten Weichen konnten mit den Signalen abhängig gemacht werden. Carl Frischen, der vielseitige Ingenieur beim Berliner Signalwerk Siemens & Halske, hatte einen Bahnhofs-Zentralapparat konstruiert, der diese Weichen für die beabsichtigte Signalstellung verriegelte und in dieser Lage durch eine elektrische Blockeinrichtung festhielt, bis das Signal wieder auf Halt zurückgestellt worden war. Auf einigen Stellwerken wird dieses Verfahren heute noch angewendet, in einfacher Form ist es als Kurbelwerk bekannt.

Die Bauart Bruchsal fiel durch das senkrechte Verschlussregister auf, das vor den Hebeln lag. Verschlussvorrichtung und Hebel benötigten keinen Wetterschutz; mitunter war die Stelleinrichtung im Freien aufgebaut. Allerdings konstruierte die Firma den Verschlussapparat speziell für

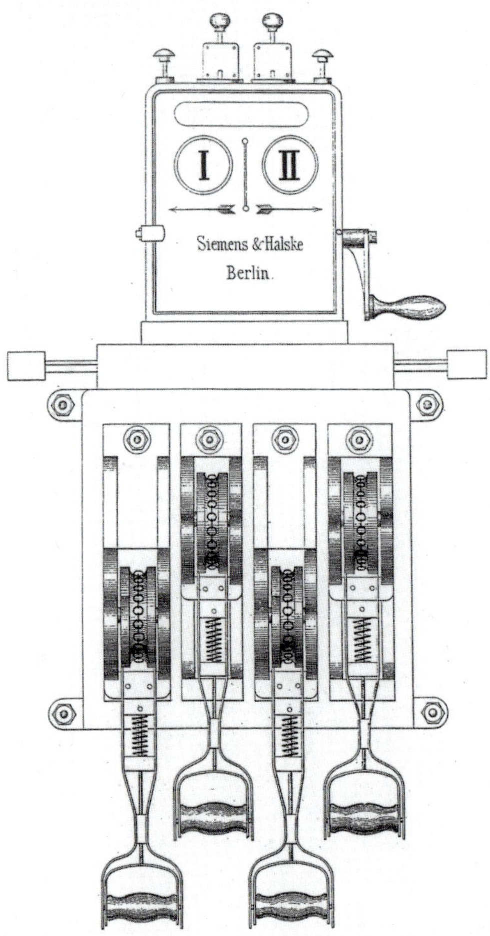

Blockwerk für mechanischen Bahnhofs- und elektrischen Streckenblock. Über Seilzüge gab der Fahrdienstleiter den Wärtern den Zustimmungshebel frei oder legte ihn fest. Abbildung: Slg. Reiner Preuß

die jeweils bestimmte Gleisanlage; Änderungen waren nicht ohne weiteres möglich. In den Stellwerken von Zimmermann & Buchloh wurde die Abhängigkeit zwischen dem Signal- und dem Weichenhebel durch einen unmittelbar unter der Stellrolle des Signalhebels geführten Schieber hergestellt, der durch den am Stellbock gelagerten zweiarmigen Hebel und das Gestänge an die Zungenverbindungsstange der zu sichernden Weiche angeschlossen war. Dieser Langwellenverschluss behauptete sich nicht.

Bei der Bauart Jüdel wurde der Verschluss nicht wie bei Zimmermann & Buchloh durch Riegelkränze hergestellt, sondern durch quer zu den Schubstangen liegende Blockbalken, die im Zusammenhang mit den seitlich an den Blockrollen sitzenden unrunden Scheiben je nach Stellung der zugehörigen Blockrollen eine hohe, die Schubstange verschließende, oder eine tiefe, die Schubstange freigebende, Stellung einnahmen.

1873 hatte Jüdel 13, meist kleinere Stellwerke mit zusammen 138 Hebeln geliefert – wenig, bedenkt man die Größe des Eisenbahnnetzes in den deutschen Ländern. Das 100. Stellwerk wurde sieben Jahre später hergestellt. Schuld am geringen Lieferumfang war nicht etwa die Skepsis der Bahnverwaltungen, aber die Stellwerke kosteten Geld, und davon hatten die Bahnen selten genug.

Die Zeit von 1880 bis zum Beginn des Ersten Weltkrieges brachte den Boom für die Stellwerkshersteller. Denn die Bahnverwaltungen vergrößerten infolge des Verkehrsaufschwungs die zu klein gewordenen Bahnhöfe und gaben den Strecken das zweite, dritte oder gar vierte Gleis. Die Signal- und Sicherungsanlagen mussten verändert werden. Oft wurde das Neueste an Technik eingebaut. Hinzu kam, dass an zweigleisigen Strecken und Bahnhofsköpfen die Wärter von der niedrigen Weichenbude aus die vorbeifahrenden Züge und Rangierabteilungen nicht mehr sehen konnten. Ihr Arbeitsplatz musste angehoben werden. Jetzt wurde aufgestockt oder gleich ein Stellwerksturm gebaut. Von Jüdel & Co kennen wir die Zahl der ausgelieferten Stellwerke: 1880 war es das 100.,

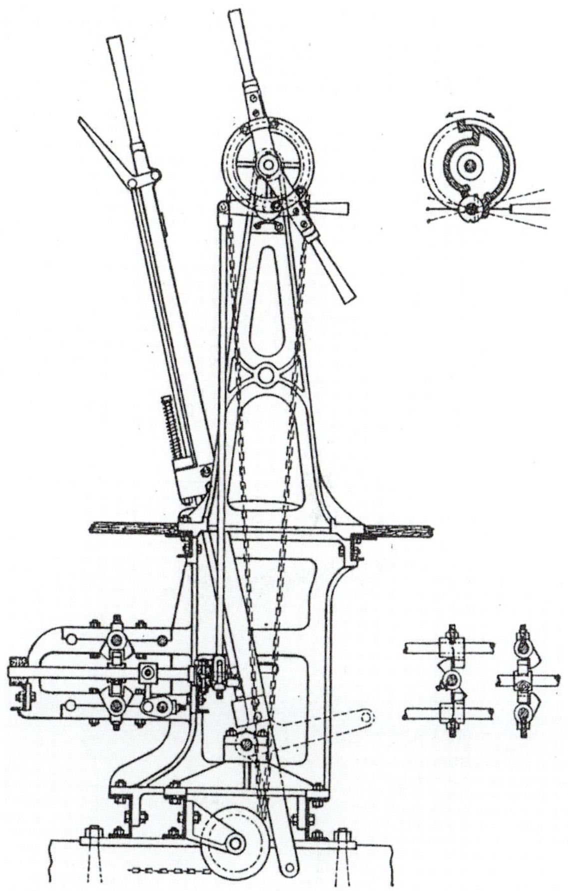

Stellwerk von Zimmermann & Buchloh aus dem Jahr 1882. Abbildung: Slg. Erich Preuß

1883 das 200., nach weiteren drei Jahren bereits das 500., 1892 das 1000., 1908 das 5000. und 1914 das 7000. Hinzu kommen 4500 von 1897 bis 1914 gelieferte Kurbelwerke, von denen aus man auf kleinen Bahnhöfen nur die Weichen verriegelte und die Signale stellte, sowie die »Signalstellböcke« für Bauzustände. Jüdel lieferte alles, was mit Stellwerken zusammenhing: Vor- und Hauptsignale, Weichenantriebe, Spitzenverschlüsse, Verschlussrollen, Sperr- und Fühlschie-

Bauformen mechanischer Stellwerke		
Bauart	**DB/DR**	**Bemerkungen**
AEG	DB, DR	
Bruchsal G	DB, DR	
Bruchsal H	DB	
Bruchsal I[1]	DB, DR	
Einheit MW	DB	
Einheit M 43	DB, DR	
Einheit, Bauart Hein & Lehmann	DB	
Einheit, Bauart Jüdel	DB, DR	
Einheitsschlüsselwerk	DB, DR	
Fiebrandt	DB, DR	Kurbel- und Schlüsselwerke
Gast	DR	
Harwig	DR	
Hein & Lehmann	DR	
Jüdel	DB, DR	
Jüdel 6000	DB	
Jüdel 11000	DB	
Krauss	DB	
Maschinenfabrik Esslingen	DB	
Müller und May	DR	
Nöll	DB	
Schnabel & Henning	DR	
Scheidt & Bachmann	DB, DR	
Siemens & Halske	DB, DR	
Späth	DB	
Stahmer	DB, DR	
Thomas	DR	
Vögele	DB, DR	
Weinitschke	DB, DR	
Willmann	DB, DR	
Zimmermann & Buchloh	DB, DR	alt und neu

1 auch bayerische Sonderformen

nen, Gleissperren, Handverschlüsse, Gestänge- und Drahtzugleitungen mit Umlenkungen, Führungen, Ausgleichsvorrichtungen.

Zwischen 1875 und 1885 brachen sich in der Stellwerkstechnik zwei wichtige Neuerungen Bahn: Der 1872 durch Frischen erstmalig verwendete Doppeldrahtzug für Riegel und Signale sowie der 1875 von Büssing eingeführte Abhängigkeitsschieber, der zunächst von Hand, seit 1883 durch Fahrstraßenhebel – der wiederum war eine Neuerung von Schnabel & Henning – bewegt wurde. Er stieß bei den Eisenbahnern auf wenig Gegenliebe, war doch zwischen dem Umstellen der Weichen und dem Auffahrtstellen des Signals ein zusätzlicher Handgriff erforderlich.

Zum Fahrstraßenhebel und zum Doppeldrahtzug einige Erläuterungen: Sinn des Fahrstraßenhebels ist es, die Abhängigkeit zwischen dem Hebel des Signals für eine bestimmte Fahrstraße und den Hebeln der Weichen, Riegel und Gleissperren dieser Fahrstraße innerhalb eines Stellwerks herzustellen. Die Fahrstraßenhebel bewegen im Verschlusskasten die Schubstangen hin und her, die drei Stellungen einnehmen können. In der Mittelstellung halten sie die zugehörigen Signalhebel fest. Bei der oberen und der unteren Endlage des Fahrstraßenhebels dagegen geben sie den einen oder den anderen Signalhebel frei, legen dafür aber die zur betreffenden Fahrstraße gehörenden Weichenhebel in der richtigen Lage fest. Dafür sorgen die auf den Schubstangen sitzenden verschieden geformten Verschlussstücke.

Im rechten Winkel zu den Fahrstraßenschubstangen liegen die mit den Handfallen der Weichenhebel verbundenen Verschlussbalken. Schieben sich die Verschlusselemente unter den Verschlussbalken, verhindern sie das Ausklinken

Rechts: Einfachste Sicherungstechnik in Herzberg (Mark) im Jahr 1992: Ein Signalhebel für das Einfahrsignal A
Foto: Preuß

Unten: Ein restauriertes Kurbelwerk der Bauform Bruchsal, wie sie – im Freien aufgestellt – typisch für sächsische Bahnhöfe waren. Foto: Lohner

des Weichenhebels in der Plusstellung[2]. Greifen die Haken über die Verschlussbalken, halten sie den Weichenhebel in der Minusstellung fest. Ist ein Weichenhebel noch nicht in der richtigen Stellung (auch wenn nur die Handfalle nicht richtig eingeklinkt ist), stoßen die Verschlussstücke an den Verschlussbalken. Der Fahrstraßenhebel lässt

2 Die Plus- oder Minusstellung ist die auf der Verschlusstafel bestimmte Stellung der Weiche. Plus bedeutet nicht automatisch die Geradeaus- und Minus nicht die ablenkende Stellung der Weiche. Meist ist die Plusstellung die am meisten befahrene Stellung der Weiche. Der Weichenhebel nimmt dann die Grundstellung ein, bei der auf fast allen Stellwerken der Hebel nach oben zeigt.

Links: Gestängeleitungen mit Temperaturausgleichshebeln auf dem Bahnhof Raeren.
Foto: Lohner

Unten: Stellwerk in Frankenberg (Sachs) der Bauform Jüdel alt, bei der die Grundstellung der Hebel unten ist. Links die roten Signalhebel, rechts drei Riegelhebel mit sehr großen Scheiben, die den Stellhub verdoppelten. Die Hebel konnten in die Halbstellung oder ganz nach oben gebracht werden, sodass mit einem Hebel zwei Riegelstellungen möglich waren. Foto: Lohner

Die Hebelbank des Stellwerks »Lp« von Lübeck Hbf soll zum Zeitpunkt der Aufnahme 1998 die längste Europas gewesen sein. Foto: Preuß

Zur Demonstration ist der Einrückhebel an der Seilscheibe angesetzt. Mit dessen Hilfe dreht der Wärter die ausgescherte Seilscheibe zurück. Sie verdreht sich, wenn eine Weiche »aufgefahren« wurde (sie wurde vom Herzstück aus in der falschen Stellung befahren) oder das Seil gerissen ist. Foto: Preuß

sich dann nicht umlegen, die Fahrstraße nicht festlegen.

Dieser Mechanismus bewirkt, dass sich der Fahrstraßenhebel nur dann umlegen lässt, wenn die zu einer Fahrstraße gehörenden Hebel der Weichen, Gleissperren und Signale »richtig« stehen, genauso gut lassen sich diese Hebel nicht mehr umlegen, wenn der Fahrstraßenhebel umgelegt worden ist.

Man benutzt daher den Fahrstraßenhebel auch zur »Fahrwegprüfung innerhalb des Stellwerks«. Seitdem der Bahnhofsblock eingeführt worden war, wird mithilfe der Blocksperren (unter dem Fahrstraßenfestlege- oder Zustimmungsabgabefeld) der Fahrstraßenhebel verschlossen. Erst dann können Haupt- und gegebenenfalls das Vorsignal bei der Signalbedienungsstelle auf Fahrt gestellt werden.

Alle Verschlusseinrichtungen im Stellwerk folgten dem oben angeführten Prinzip, abweichend war deren Anordnung. Süddeutsche, Schweizer und österreichische Bahnen bevorzugten das senkrechte Verschlussregister vor den Hebeln und mit vertikalen Fahrstraßenschubstangen. Statt der Verschlussstücke wurden viereckige Verschlussknöpfe benutzt, die in die Verschlussriegel eingeschraubt waren und in die Einschnitte der Fahrstraßenschubstangen griffen.

1885 kam die erste Fahrstraßenfestlegung mithilfe eines Kugelverschlusses auf den Markt, die nur vom Befehlswerk des Fahrdienstleiters aus freigegeben werden konnte (Stellwerksbauform Bruchsal E), ein mechanisches Blockwerk, das in Süddeutschland und Sachsen verbreitet war, aber auch auf preußischen Bahnhöfen vorkam und sich mit den Bauformen G und J bis zum Jahr 2002 hielt. Charakteristisch für »Bruchsal G« ist das offene, senkrechte Verschlussregister. Bei der Bauform Bruchsal J ähnelte das Verschlussregister der Bauform »Einheit«, auf die noch zurückzukommen ist. Mit der Bauform Bruchsal[3] war in Süddeutschland oft der mechanische Bahnhofsblock verbunden.

Ehe dieser erläutert wird, etwas zum Verfahren, wie der Fahrdienstleiter den oder die Stellwerkswärter beauftragte, einen Fahrweg ein- und

3 Die Maschinenfabrik Bruchsal als Nachfolger von Schnabel & Hennig bezeichnete ihre Stellwerksbauarten mit den Buchstaben A bis K.

Unter den Stellwerken der Bauform Bruchsal hielt sich der Typ G am längsten. Auf Stellwerk »B 1« des Bahnhofs Sebnitz (Sachs) sehen wir das vorn angeordnete Verschlussregister (1999). Foto: Preuß

das Signal auf Fahrt zu stellen. Der Fernsprecher wurde erst zur Jahrhundertwende und nicht sogleich auf allen Bahnhöfen eingeführt. Deshalb diente zuerst der so genannte Stationstelegraf oder das Perronsignal als Verständigungsmittel. Er bzw. es stand mitten auf dem Bahnhof und zeigte durch seine Flügelstellung den Wärtern an, welches Signal auf Fahrt gestellt werden sollte. Bei Nebel oder Schneegestöber war diese Art der Befehlsübermittlung allerdings untauglich.

Andere optische Signalmittel wurden probiert, wie der Magnetzeiger, später wurden hierfür Morsefernschreiber aufgestellt. Die Signale blieben, wenn auch gleichzeitiges Auffahrtstellen

■ Oben: In der Mitte der Hebelbank von Lauterecken-Grumbach sind die Fahrstraßenhebel des mechanischen Bahnhofsblocks (1995). Foto: Preuß

■ Links: Für bayerische Bahnhöfe typisches Kurbelwerk auf dem Bahnhof Harsdorf: Es ist von der Würzburger Firma Möll 1901 nach dem Patent von Büssing & Jüdel gebaut worden (1999). Foto: Preuß

■ Unten: Fahrstraßenhebel mit mechanischem Bahnhofsblock nach Schnabel & Henning. Abbildung: Slg. Preuß

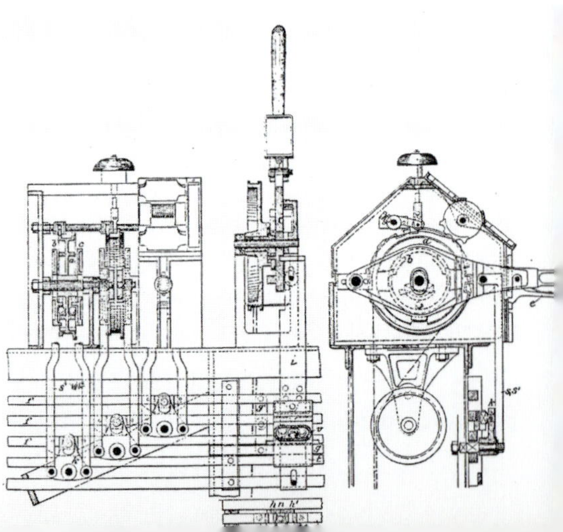

Ein Sachverständiger des Eisenbahn-Bundesamtes erläuterte Journalisten die 1905 gebaute Befehlsstelle des Bahnhofs Immenstadt (1999). Der Fahrdienstleiter konnte mithilfe der zehn Kurbeln den beiden Wärterstellwerken die Befehle für 20 verschiedene Fahrstraßen geben. Foto: Preuß

»feindlicher« Signale ausgeschlossen war, wegen der Stellentfernung in der Hand des Weichenwärters und nicht in der des Fahrdienstleiters, der doch die Reihenfolge der Züge auf der freien Strecke regelte. Mithilfe des »Zentralapparats« von Frischen oder – viel später – des so genannten Befehlsblock von Vögele aus dem Jahre 1894 konnte der Fahrdienstleiter wenigstens die Weichen verriegeln und hatte auf diese indirekte Weise die Befehlsgewalt über die Signale.

Der mechanische Bahnhofsblock verhinderte (wie der in Norddeutschland übliche elektrische Bahnhofsblock), dass ein Stellwerkswärter vorzeitig den Fahrstraßenhebel umlegte und Weichen unter dem fahrenden Zug umstellen konnte. Dazu wurde der Fahrstraßenhebel benutzt, auf süddeutschen Stellwerken gab es für die Befehlsübermittlung den besonderen, grün angestrichenen Zustimmungshebel. Waren im Mittelstellwerk die Weichen für die beabsichtigte Zugfahrt eingestellt, konnte der Zustimmungshebel in der entsprechenden Lage festgelegt werden. Hierdurch wurde der abhängige Zustimmungshebel im Endstellwerk zum Umlegen aufgeschlossen, durch dessen Bewegung die Fahrstraßen- und Signalhebel nach entsprechender Weichenstellung im jeweils eigenen Stellwerk umgelegt werden konnten. Die Korrespondenz zwischen den Stellwerken bewirkten 4 mm starke Drahtzüge, die Rollen an den Zustimmungshebeln drehten, sodass frei gegeben oder festgelegt wurde.

Der Kugelblock mit der aufgesetzten Glocke im Stellwerk »Io« von Immenstadt (1999). Die grünen Fahrstraßenhebel sind in der Grundstellung. Die roten Felder zeigen an, dass sie blockiert sind. Foto: Preuß

Der Signalhebel konnte aber auch durch einen Kugelverschluss festgelegt oder frei gegeben werden. Er sollte eine Fahrstraßensicherung bewirken, bei der eine durch eine auf Fahrt stehendes Signal verschlossene Fahrstraße erst dann verändert werden kann, wenn das Signal auf »Halt« gelegt wurde und der Fahrdienstleiter die Auflösung der Fahrstraße frei gegeben hat (wie es beim elektrischen Blockwerk selbstverständlich ist). Beim Kugelblock der mechanischen Fahrstraßensicherung verhinderten zwei Kugeln, dass der Fahrstraßenhebel zur Unzeit bewegt wurde. Die Kugeln lagen auf dem kreisförmigen Kranz im Hohlraum der Blockrolle, auf der die tellerförmigen Rippen der Fahrstraßenscheiben b und c bei ihrer Bewegung nach unten aufstießen. Wurde eine Blockrolle um etwa drei Viertel des Kreises nach der einen Seite gedreht, so wurde die eine Kugel durch den Mitnehmer im Kranz der Blockrolle auf den Teller der zugehörigen Scheibe des Fahrstraßenhebels gelegt, wo sie durch die Nabe der Blockrolle festgehalten wurde. Machte nun eine der Fahrstraßenscheiben beim Umlegen nach der frei gewordenen Richtung ihre Abwärtsbewegung, so rollte die Kugel nach. Die Rückwärtsbewegung des Fahrstraßenhebels wurde durch die zwischen der Nabe der Blockrolle und dem Teller der Fahrstraßenscheibe liegende Kugel verhindert, der Hebel in der umgelegten Stellung festgehalten.

Der Signalhebel musste in der Halt-Stellung bleiben, bis die Festlegung des Fahrstraßenhebels aufgehoben wurde, und zwar dann, wenn der Fahrdienstleiter die Blockrolle in die Ruhestellung zurück drehte. Der an der Nabe befindliche Mitnehmer nahm die Kugel von der oberen Seite des Tellers zurück und ließ sie am Einlauf zum darunter liegenden Raum liegen. Die betreffende Scheibe des Fahrstraßenhebels konnte wieder angehoben und dieser in seine Ruhelage gebracht werden, wobei die Kugel wieder in die unterste Stellung rollte.

Die linke Rippe der Blockrolle bewirkte das Anschlagen einer Glocke, die dem Wärter anzeigte, dass eine Fahrstraße eingestellt oder zurückgenommen werden wollte. Die rechte Rippe drehte eine Walze und machte durch Farbscheiben die Lage der Blockrolle und die frei gegebene Richtung sichtbar.

Dieser mechanische Bahnhofsblock war 1996 noch auf dem Bahnhof Lauterecken-Grumbach sowie in Lampertsmühle-Otterbach in Betrieb. Im Prozess nach dem Zusammenstoß zweier Reisezüge am 18. Februar 1999 spielte die Bedienung des mechanischen Blockwerks auf dem Bahnhof Immenstadt eine entscheidende Rolle. Der mechanische Bahnhofsblock mit der Kugel und Blockrolle auf den Stellwerken »Io«, »If« und »Iw« stammte von Krauss aus dem Jahr 1905 und war ein Lizenzbau von Schnabel und Henning, die 1885 zum ersten Mal den Kugelverschluss einem Stellwerk einbauten. 1975 gab es in Bayern noch 20 solcher Stellwerke. Die in Immenstadt werden die Letzten bedienten gewesen sein. Sie wurden am 25. November 2001 durch eine elektronisches Stellwerk abgelöst.

Wer heute von solcher Sicherungstechnik liest, mag meinen, auch in Württemberg und in Bayern hätte man begeistert den elektrischen Bahnhofsblock übernommen. Mitnichten! Man zog die perfekt wirkende Einrichtung der elektrischen vor und schrieb 1886: *»haben sich neuerdings die mechanischen Blockierungseinrichtungen mehr und mehr das Vertrauen der Eisenbahnverwaltungen erworben. Bei vollkommener Erfüllung der an solche Einrichtungen zu stellenden Anforderungen – insbesondere auch hinsichtlich der Einfachheit der Konstruktion und der leichten Reparaturfähigkeit – stellen sich die mechanischen Anlagen in der Regel billiger als die elektrischen«*. Auch Max Jüdel & Co in Braunschweig baute einige Stellwerke mit dem mechanischen Bahnhofsblock. Erst als die Bahnhöfe immer größer und die mit Seilzügen arbeitenden Blockanlagen zu kompliziert wurden, griff man auf den elektrischen Bahnhofsblock zurück.

Zum Doppeldrahtzug. Als es nur den einfachen Drahtzug gab, konnte jeder, auch der Unbefugte, durch Ziehen der Drahtleitung ein Signal in die Fahrtstellung bringen. Da Weichen mithilfe von Gestängeleitungen umgestellt wurden, war das missbräuchliche Bedienen auf diese Weise nicht möglich. Der Wärter konnte aber nicht oder nur schwer überwachen, ob die Weichenzungen wirklich an- oder ablagen. Auch den Bruch eines Gestänges bemerkte der Wärter nicht ohne Weiteres. Als der Doppeldrahtzug nicht nur bei den Signalen, sondern von der Firma Siemens & Halske auch für die Riegel ortsbedienter Weichen eingeführt worden war, schwanden die Bedenken gegen den Doppeldrahtzug. Jetzt wurden die meisten Gestänge für die Weichenbedienung gegen ihn ausgewechselt.

Wie wirkt er? Er ist um die Stellrolle geschlungen, an deren Enden 4 mm oder 5 mm starke Stahldrähte anschließen, die eine geschlossene Doppelleitung zwischen der Stellrolle und der am Riegel oder an der Weiche befindlichen Endrolle bilden. Wird der Hebel aus seiner Endlage gebracht, dann wird er durch Ausklinken der Handfalle mit der Stellrolle gekuppelt. Beim Drehen der Stellrolle wird ein Draht ein gewisses Stück gezogen, der andere Draht ebenso lang nachgelassen. Diese Bewegungen stellen die Weiche oder das Signal um. Wird eine Weiche aufgefahren, das heißt, ein Fahrzeug befährt sie vom Herzstück aus, obwohl sie nicht für seine Fahrtrichtung gestellt ist, werden die Weichenzungen gewaltsam bewegt. Dann wird diese Bewegung auch auf die Drahtleitung übertragen. Da der Weichenhebel durch seine Handfallenstange im Weichenbock festgelegt ist, wird eine Fläche der Seilscheibe aus ihrer Einrastung geho-

Bauform Willmann auf dem Betriebsbahnhof Pfahlgraben: angesetzte Fahrstraßenhebel und über diesen die Blocksperren (2000). Foto: Preuß

ben. Die Seilscheibe löst sich vom Hebel, ohne dass einzelne Teile zerstört werden. Dabei zeigt eine rote Scheibe dem Wärter an, dass die Weiche aufgefahren wurde. Mithilfe des Einrückhebels kann er die Seilscheibe wieder in die alte Lage zum Hebel bringen und ihn derart wieder bedienbar machen.

Die zweite wichtige Funktion des Doppeldrahtzugs sind die Reißbedingungen für den Fall des Drahtbruchs:

1. Der Weichenhebel soll ausscheren und dadurch den Drahtbruch anzeigen.
2. Die Weiche soll in der Endlage festgehalten werden oder in diese gelangen, das Hauptsignal in die Haltstellung, das Vorsignal in die Warnstellung gelangen, oder sie sollen in diesen Stellungen bleiben.

Diese Sicherheitsbedingung wird durch das Spannwerk erreicht, das die Drähte auch bei wechselnden Temperaturen stets straff hält. Zudem bewirken die Spanngewichte bei Bruch eines Drahtes, dass der zweite Draht die Seilscheiben am Weichen- oder Riegelhebel und im Weichen- und Signalantrieb sowie im Riegel verdreht. Eine Drahtspruchsperre im Antrieb sorgt dafür, dass die Weiche in ihrer Endlage bleibt. Bei Signalen wird durch die sich drehende Seilscheibe der Antrieb festgelegt. Selbst wenn jemand am unversehrten Draht zieht, kann er das Signal nicht in die Fahrtstellung bringen.

Der Doppeldrahtzug setzte sich durch; in Preußen wurde er 1882 für die Signale vorgeschrieben. Wegen seiner leichten Beweglichkeit konnten jetzt die Entfernungen zwischen den Stellhebeln und den Weichen sowie Signalen wachsen, bei Weichen bis zu 350 m, bei Riegeln bis zu 500 m, bei Hauptsignalen bis zu 1200 m und bei Vorsignalen bis zu 1800 m.

Bei längeren Entfernungen zu den Signalen mussten Signalkurbel statt der Hebel helfen.

Eine Vielzahl von Herstellern bemächtigte sich der neuen Technik und schuf die verschiedensten Ausführungen von ein- und zweirolligen Hebeln, federlosen und unter Federwirkung stehenden Sperren, Schneckenriegeln und Knaggenverriegelungen, großen und kleinen Kurvenrollen, Scherenhebelantrieben und Rollenantrieben. Für die Eisenbahner wurde es immer schwerer, sich für diese Einrichtungen Verständnis zu verschaffen. Mitunter waren die Unterschiede der Bauarten nur minimal, dienten nur dem Zweck, Patente zu umgehen.

1887 wies die Eisenbahndirektion Elberfeld das Ministerium der Öffentlichen Arbeiten auf die Unzuträglichkeiten mit den unterschiedlichen Bauarten und den mannigfachen Einzelteilen hin und schlug eine Vereinheitlichung vor. Man bedenke, dass außer mit der bisher dargestellten Entwicklung mechanischer Teile und Anlagen die Entwicklung des Bahnhofs- und Streckenblocks und die des elektrischen sowie elektromechanischen Stellwerks einherging, von den Druckluftstellwerken ganz zu schweigen. Dennoch: Das Ministerium hielt einheitliche Sicherungsanlagen für verfrüht und dachte wohl an die Kosten, die bei einer solchen Umstellung entstünden.

Wenn hin und wieder einige Stellwerksfirmen fusionierten, blieb doch die Mannigfaltigkeit erhalten. 1898 wurde die Firma Jüdel & Co in die Eisenbahnsignal-Bauanstalt Max Jüdel & Co, A.-G. umgewandelt, also in eine Aktiengesellschaft, um mit höherem Kapitalstock im Eisenbahn-

Die Firmenmarke »ZB« am Blockwerk zeigt, dass das Stellwerk des Bahnhofs Zinnowitz von Zimmermann und Buchloh stammt. Foto: Preuß

sicherungswesen führend zu bleiben. Jüdel hatte seine Zweigwerke in Würzburg (Bayern), Wasseralfingen (Württemberg), Olten (Schweiz), Atvidaberg (Schweden) und bis 1914 in Riga (Lettland) sowie in Moskau (Russland).

Allein in der Eisenbahnmetropole Berlin finden wir zu dieser Zeit die AEG, Julius Gast, Zimmermann & Buchloh, Hein, Lehmann & Co, Julius Pintsch (stellte elektromechanische Zweireihenstellwerke her) auch, Roessemann & Kühnemann, Siemens & Halske, J. P. Weinitschke, Willmann & Co, Zimmermann & Buchloh.

Gast stieg 1878 in den Eisenbahnsignalbau ein und lehnte sich in der Bauweise der Stellwerke an Rüppell-Büssing an. Doch er wendete ein anderes Verschlusssystem an, das er bereits 1872 eingeführt hatte, unter anderem auf den Stellwerken der Bahnhöfe Spremberg Hbf, Dittersbach, Hirschberg und Posen. Bei Gast war für die unter Verschluss zu legenden Weichenhebel je eine sich drehende, auf ihrer einen Seite der Länge nach abgeflachte Querwelle vorgesehen. Sie wurde bei jeder Hebelumstellung um einen Halbkreis gedreht, sodass die Abflachung entweder auf der oberen oder auf der unteren Seite der Querwelle lag. Die Signalhebel waren mit je einer Längsschubstange verbunden, die mit solchen Verschlusseinrichtungen an jeder Querwelle versehen waren. Nur bei richtiger Lage der Querwelle wurde die Bewegung der Längsschubstange möglich, und bei Fahrtstellung des Signals wurden die Querwellen in ihrer jeweils vorgeschriebenen Stellung festgelegt.

Die Firma Hein, Lehmann & Co war auf Eisenkonstruktionen spezialisiert. Mit Signalmasten und Ausrüstungsgegenständen führte der Oberingenieur A. Wällert den Eisenbahnsignalbau ein. Diese Firma brachte den Schmalmast von 100 mm Breite in die Einheitsform der Deutschen Reichsbahn ein. Ansonsten verwendete der Hersteller das Verschlusssystem von Rüppell und Büssing. Roessemann & Kühnemann beschränkten sich auf die einfacheren Einrichtungen wie die Signalstellböcke mit Riegeleinrichtungen, mit denen man handbediente Weichen sicherte. Aus dieser Firma kam das im Signalbau tätige Personal der neuen Firma Soelling & Weinitschke, später A. Weinitschke. Vereinzelt trat auch Josef Vögele in Mannheim als Stellwerkslieferant auf.

Eduard Zimmermann und Ernst Buchloh gründeten ihre Firma 1878, obwohl ihnen eine eigene Werkstatt und Geschäftspersonal fehlten. Zudem waren beide bei der Berlin-Hamburger Eisenbahn angestellt. Dass sie überhaupt im Stellwerksbau Fuß fassen konnten, hatten sie ihrer Bahnverwaltung zu verdanken, die den jungen Zimmermann bei der Erprobung seiner Erfindungen unterstützte und ihm den Bahnhof Hagenow überließ, auf dem 1880 die Stellwerksanlagen nach dem neuen Patent eingebaut werden durften. Das bezog sich wieder auf das Verschlusssystem. Die Langwellen waren an die besonderen Zwischenhebel und die Querwellen an die Weichenhebel derart angeschlossen, dass sie beim Umlegen der Hebel in drehende Bewegungen versetzt wurden. Erst wenn Zwischenhebel umgelegt waren, wurde der Signalhebel beweglich. Die Zwischenhebel waren die Vorläufer der Fahrstraßenhebel, wie wir sie im Einheitsstellwerk wiederfinden.

Neu war in Hagenow auch, dass die Gestänge in mitrollenden Führungen (Kugeln, später Walzen) lagen. Da die Berlin-Hamburger Eisenbahn mit den Stellwerken in Hagenow zufrieden war, beauftragte sie Zimmermann & Buchloh mit den Stellwerken für die Bahnhöfe Ruhleben und Teufelssee. Weil ihnen die Werkstatt fehlte, half die Maschinenfabrik Wöhlert. Erst 1881 richteten beide in der Fehrbelliner Straße in Berlin ihren Betrieb ein. 1884 stellten sie Friedrich Brager vom Weichenbüro der Rheinischen Bahn ein, 1885 kam Franz Magdalinski hinzu, der die Firma bei den westlichen deutschen Eisenbahndirektionen vertrat und seinen Sitz in Düsseldorf nahm.

1909 wurde aus der Firma Zimmermann & Buchloh eine Aktiengesellschaft. Sie schloss sich im selben Jahr mit Schnabel & Henning sowie mit Carl Stahmer zusammen. 1917, als das Eisenbahnsicherungswesen infolge des Krieges ganz darniederlag, bildeten diese drei Firmen mit weiteren kleinen Betrieben die Deutsche Eisenbahnsignalwerke A.-G. vormals Schnabel & Henning, C. Stahmer und Zimmermann & Buchloh. Je eine Abteilung von Stahmer blieb in Bruchsal und in Ösede bei Georgsmarienhütte in Betrieb, während das Berliner Werk Borsigwalde von Zimmermann & Buchloh am 1. Januar 1912 stillgelegt worden war. Die Deutschen Eisenbahnsignalwerke unterhielten Vertretungen in Berlin und in Kattowitz. 1922 übernahmen sie die Produktion der Eisenbahnsignalbauanstalt Müller & May in Rauschwalde bei Görlitz; Müller & May verlegten den Sitz nach Ösede.

1926 erwarb Max Jüdel als stärkster Partner unter den Signalbauanstalten bei den Deutschen Eisenbahnsignalwerken die Aktienmehrheit und bildete mit ihnen die Eisenbahnsignalanstalten vorm. Jüdel, Stahmer, Bruchsal A. G.

Diesen Firmen ist die Elektrotechnik jedoch immer fremd geblieben. Auf diese kam es jetzt aber entscheidend an, ebenso auf die Weiterentwicklung des Blockwerks mit den Elementen der Fernsteuerung, der Relaistechnik, der Lichtsignale. In dieser Hinsicht war ihnen Siemens & Halske überlegen, und so war es diesem Unternehmen ein Leichtes, sich die Mehrheit der Braunschweiger Firma zu sichern. Sie gründete 1928 mit der AEG die Vereinigten Signalwerke A. G. (VES), bei der je ein Drittel der AEG, den Eisenbahnsignalanstalten Jüdel, Stahmer, Bruchsal, und Siemens & Halske gehörte. 1943 zog sich die AEG aus der VES zurück und erschien als Stellwerkshersteller erst 1983 wieder, als der Vorstand der Deutschen Bundesbahn beschloss, elektronische Stellwerke entwickeln zu lassen. Die VES wurde 1951 aufgegeben; im selben Jahr war

Für das hohe Befehlsstellwerk in Lutherstadt Wittenberg reichte die Sicht auf die Gleise immer noch nicht aus. Es mussten Beobachtungsbrücken gebaut werden (1996). Foto: Preuß

■ **Typische Einrichtung der sächsischen Eisenbahn: die Befehlsstelle, Bauform Möllering, in Neustadt (Sachs) im Jahr 1994. Die Befehlswerke wurden außerhalb des Fahrdienstleiter-Dienstraums angebracht. Grün sind die Befehlshebel der Einfahrten, braun die der Ausfahrten.**
Foto: Preuß

■ **Der Fahrdienstleiter in Pockau-Lengefeld gab den Befehl, das Signal M für die Fahrt in Gleis S 2 auf Fahrt zu stellen.**
Foto: Lohner

die Firma Siemens Wernerwerk für Signaltechnik nach Braunschweig gezogen. Das Berliner Werk war zerstört und die politische Lage in der Hauptstadt zu unsicher. 1966 wurden die Siemens & Halske AG und die Siemens-Schuckert-Werke zur Siemens AG zusammengefasst.

Die C. Lorenz AG in Berlin-Tempelhof war am 1. Juli 1880 in Berlin gegründet worden, um Morsetelegrafen herzustellen und sie bei den Behörden zu vertreiben. Während sie sich bis 1936 mit Zugbeeinflussungseinrichtungen beschäftigte und diese Entwicklung 1967 mit der rechnergesteuerten Linienzugbeeinflussung weiterführte, stieg sie 1949 in den Stellwerksbau ein, als die Firma sich mit Krauss-Maffei zusammenschloss (Sitz in München und Stuttgart) und ein Gleisbildstellwerk entwickelte. Bei der Deutschen Bundesbahn baute Lorenz 1952 das erste Stellwerk in Koblenz-Lützel auf und war seitdem auch mit der Spurplantechnik zum Beispiel in Saarbrücken Hbf, Essen und Stuttgart vertreten. Lorenz wurde 1990 mit Alcatel vereint, firmiert in Stuttgart unter Alcatel SEL, Unternehmensbereich Transportsysteme, und ist führend bei der Entwicklung Elektronischer Stellwerke sowie von Betriebszentralen, sodass sich auf diesem Gebiet sowohl bei der Deutsche Bundesbahn als auch bei der Deutschen Bahn die Unternehmen SEL und Siemens gegenüberstehen. SEL verlegte die Bahnsteuerungstechnik 1994 nach Arnstadt.

Im Westen des preußischen Eisenbahnnetzes finden wir den bereits genannten Carl Stahmer, der seit 1862 in Ösede eine Schmiede betrieb und dem Georgs-Marien-Verein, einem westfälischen Bergwerk, Schmalspurwagen lieferte. 1874 wandte er sich dem Bau von Schrankenanlagen zu und stieg 1880 in die Signalfertigung ein. 1890 baute er das erste Stellwerk in Cottbus (Nwb), später auch elektropneumatische.

Carl Bachmann und Wilhelm F. Scheidt gründeten 1872 in München-Gladbach (seit 1951 Mönchengladbach) die Maschinenfabrik Scheidt & Bachmann. 1885 schied Scheidt aus dem Unternehmen, dafür trat Bachmanns Schwiegersohn Rudolf Kraft ein. Von 1876 an lieferte die Firma Stellwerke nach einer Lizenz von Schnabel & Henning. Die Ersten waren für die Bahnhöfe Boisheim, München-Gladbach, Neuss, Düsseldorf-Bilk und Scheidt bestimmt. Zwischen 1890 und 1895 gaben sie die Produktion der anderen Erzeugnisse auf, bauten von 1895 an Stellwerke nach eigenem System, 1901 das erste mit hintenliegendem Verschlussregister für den Bahnhof Immigrath. 1987 entwickelte Scheidt & Bachmann für die Deutsche Bundesbahn ein System des signalisierten Zugleitbetriebs, das die Betriebsführung auf schwach belasteten Strecken rationalisieren soll. Außerdem stellt die Firma Bahnübergangs- und Signaltechnik sowie Fahrscheinautomaten her.

Lizenzen von mechanischen Stellwerken der Firma Schnabel & Henning übernahm auch die Firma Maschinenbau Krauß, eher als Lokomotivfabrik Krauss bekannt. Meist waren das Kurbelwerke und Hebelwerke der Bauform Bruchsal G. Auffällig waren an der Bauform Krauss die rechteckigen Schäfte der Hebel.

Seit 1878 baute die Hauptwerkstätte Witten der Preußischen Staatsbahnen für die Eisenbahndirektionen Elberfeld und Essen drei verschiedene Bauarten von Stellwerken, die sich hauptsächlich durch die Verschlüsse unterschieden. Als die doppelte Drahtzugleitung eingeführt wurde, stellte die Hauptwerkstätte den Stellwerksbau ein.

Die 1847 von Werner Siemens und Georg Halske gegründete Telegrafen Bau-Anstalt Siemens & Halske wurde 1852 durch Läutewerke und 1856 durch Zeigertelegrafen mit Kurbelinduktor zum Lieferanten für die Bahnverwaltungen. 1870 baute die Firma den ersten Blockapparat, führte 1871 den von Carl Frischen entwickelten Streckenblock ein und begann 1891 mit dem ersten elektrischen Stellwerk. Der Fortgang des Unternehmens wurde bereits genannt.

Scheidt & Bachmann erwarb zunächst von Schnabel & Henning das Recht, allein die Stellwerke in den Eisenbahndirektionen Elberfeld, Köln rechts- und Köln linksrheinisch ausführen zu dürfen. Mitte der 90er-Jahre wurde dieser Vertrag gelöst, und die Firma vertrieb ein eigenes System, dessen Verschlusseinrichtung dem des Systems Rüppell und Büssing angepasst war. Die gleiche Verschlussart verwendeten Willmann sowie Stahmer. Willmann & Co gab übrigens zum 1. Januar 1923 seine Produktionsstätte auf. Dagegen begannen die Firmen Orenstein & Koppel und die Allgemeine Elektrizitäts-Gesellschaft (A.E.G.) ziemlich spät mit dem Bau von Stellwerken. Die A.E.G. hatte 1903 die Eisenbahnsignalbauanstalt A. Harwig in Köslin erworben und im selben Jahr die Fabrik für Eisenbahnsicherungsanlagen in Dresden. Beide Unternehmen wurden der Eisenbahnsignalabteilung der A.E.G. angegliedert, und von 1904 an wurde allmählich die Produktion nach Berlin, 1912 nach Frankfurt am Main und 1916 schließlich nach Hennigsdorf verlegt. Harwig gründete nach Verkauf seines Kösliner Werks ein neues in Gera. Er durfte für die Preußischen Staatsbahnen Stellwerke herstellen, jedoch bis zur Festlegung der Einheitsformen nur solche der Bauart Zimmermann & Buchloh. C. Fiebrandt & Co in Bromberg, eine Stellwerksfirma, die ebenfalls an die Preußischen Staatsbahnen lieferte und 1914 aufgelöst wurde, ging mit der Kupplungsklinke in die Einheitsformen der Weichenhebel ein.

Die Zeit des Stellwerkbooms 1880 bis 1900 – was die mechanischen Stellwerke betrifft – war zugleich fruchtbar für viele Erfindungen. In Berlin wirkte bei Siemens & Halske der bereits erwähnte Carl Frischen, früher Telegrafendirektor der Hannoverschen Staatsbahnen. Er entwickelte ein von den englischen Grundsätzen völlig abweichendes System der Sicherung von Signalen und Weichen, den Bahnhofsblock. Neu war das elektrische Blockwerk, bei dem mithilfe eines Handkurbel-Induktors Wechselstrom erzeugt wird. Blockfelder sperren oder entsperren die Blocksperren, die sich im Untersatz des Blockwerks befinden und das Bindeglied zwischen Blockwerk und Verschlusskasten sind.

Jetzt war es möglich, auf größeren Bahnhöfen mit mehreren getrennten Stellwerksbezirken Abhängigkeiten zwischen den Stellwerken untereinander als auch zwischen diesen und der Befehlsstelle ohne Rücksicht auf die Länge der Entfernung herzustellen. Die vorher praktizierte Abhängigkeit mit Seilzügen hatte ihre Grenzen. Klingelzeichen und die fernmündliche Verständigung erwiesen sich ebenfalls als unzuverlässig und der Sicherheit abträglich. Mit dem elektrischen Blockwerk hatte der Fahrdienstleiter endlich sämtliche Signale in seiner Hand.

Auf kleineren Bahnhöfen im Bereich der Bayerischen Staatsbahn – dazu gehörten auch die Strecken in der Pfalz – und in Württemberg hielten sich die rein mechanischen Bahnhofsblockanlagen lange Zeit, weil sie angeblich einfach in der Konstruktion und leicht zu reparieren waren. Auch sollen sie billiger als die elektrischen Blockanlagen gewesen sein. Nur über große Entfernungen, das sahen auch die bayerischen und die württembergischen Sicherungsfachleute ein, zeigten sie sich dem elektrischen Block unterlegen. Deshalb gingen die Bahnen in Süddeutschland nach der Jahrhundertwende wenigstens auf großen Bahnhöfen zum elektrischen Bahnhofsblock über. Bei der Deutschen Bahn waren mechanische Blockanlagen noch im Jahr 2000 in Betrieb, obwohl die Deutsche Bundesbahn für Nebenbahnen mehrere Systeme von Gleisbildtechnik hatte entwickeln lassen.

Nach der Wende vom 19. zum 20. Jahrhundert hielten sich in Fachkreisen zwei Meinungen. Eine lautete: Durch verschiedene Stellwerksfirmen und -bauarten haben wir Wettbewerb, und der dient der Fortbildung der Technik. Die andere: Durch Einheitsstellwerke brauchten wir weniger Ersatzteile und dem mit der Bedienung, der Instandhaltung und der Kontrolle betrauten Personal würde die Lösung der Aufgaben leichter fallen.

Zwar hatten einzelne Hersteller eine bestimmte Vorherrschaft – das waren auf süddeutschen Bahnen, in der Pfalz und in Elsass-Lothringen Schnabel & Henning und auf den preußischen Bahnhöfen Jüdel sowie Zimmermann & Buchloh –, doch innerhalb der meisten Instandhaltungsbezirke sahen sich die Signalwerker einem Konglomerat von Stellwerken der verschiedensten Hersteller, Bauarten und Baujahre gegenüber. Um nur wenige auffällige Unterschiede zu nennen: Jüdel ordnete die Hebel auf der Hebelbank im Abstand von 140 mm an, Zimmermann & Buchloh sah 160 mm vor. Der Verschlusskasten saß tiefer als der von Jüdel. In ihm gab es auch drehbare Verschlussbalken. Hielten bei Jüdel die niedrigen Verschlussstücke die Weiche in der Plus-, die hohen in der Minusstellung fest, so war bei Zimmermann & Buchloh die Richtung der Verschlusshaken maßgebend. Bei Signalhebeln von Gast der Baujahre vor 1900 waren Seilscheiben

Von Spaeth Dutzendteich war das 1981 fotografierte Wärterstellwerk in Hersbruck (links der Pegnitz). Von links nach rechts: Streckenblock, Signalhebel, mechanischer Bahnhofsblock, Weichenhebel. Foto: Wiesmüller

und Handhebel fest verbunden, Siemens & Halske hatte die Grundstellung der Hebel nach unten festgelegt, die anderen nach oben.

1901 setzte – zumindest bei den Preußischen Staatsbahnen – die Vereinheitlichung ein, als das Normalhakenschloss als Spitzenverschluss der Weichen vorgeschrieben wurde. 1905 wurden Musterzeichnungen für Leitungsteile herausgegeben. Die Preußischen Staatsbahnen wollte nicht nur standardisierte Teile, sondern ein ganzes Einheitsstellwerk, und beauftragten 1907 den Dezernenten 15 des Eisenbahnzentralamtes damit. Der bildete eine Einheitsformen-Kommission unter Leitung des Geheimen Oberbaurats Scholkmann vom Ministerium der Öffentlichen Arbeiten. Scholkmann hatte bereits von etwa 1900 an im Block- und Stellwerksausschuss als beschließende und in der Eisenbahndirektion Halle als ausführende Instanz mit den Vorarbeiten zu den Einheitsformen begonnen. 1907 beauftragte er das Sicherungsdezernat des im selben Jahr gegründeten Eisenbahnzentralamtes Berlin, ein mechanisches Einheitsstellwerk zu entwickeln. Auch die Stellwerksfirmen waren zur Mitarbeit bereit, vor allem deshalb, weil sie ihre Sondereinrichtungen unter Verzicht auf Patentrechte für die an den Einheitsformen beteiligten Firmen zur Verfügung stellten.

Für das künftige Einheitsstellwerk galten folgende Bedingungen:

- stets doppelte Drahtleitung für die Weichen- und Signalbedienung

■ **Die halbautomatisch wirkende Bauform Relais 51 braucht keinen Blockkasten. »B 5« in Hoyerswerda (1999).**
Foto: Preuß

- das preußische Hakenweichenschloss mit Außenverriegelung für die auffahrbaren Spitzenverschlüsse der fernbedienten Weichen
- Auffahreinrichtung an den Weichenhebeln mit selbsttätiger Signalsperre, die sowohl bei Drahtbruch in der Stellleitung wie bei gewaltsamer, durch das Nichtfolgen der Weichenzungen beim Umstellen hervorgerufener Beanspruchungen der Leitungen (zum Beispiel beim Auffahren der Weichen) herbeigeführt wird.

Nachdem sechs Stellwerke zur Probe ausgeführt worden waren, hielt es das Zentralamt für zweckmäßig, nur eine Einheitsform vorzusehen, und das sollte hauptsächlich die stark verbreitete Bauart Jüdel sein. Als Weichenantrieb wurde jedoch der Zahnstangenantrieb von Zimmermann & Buchloh verwendet, der ohne Änderungen für den senkrechten und den waagerechten Leitungsanschluss passend war. Auch die Fangvorrichtung gegen die selbsttätige Bewegung der Weichenzungen bei Drahtbruch war die beste. Stahmer kam mit seinem Wendegetriebe für den Leitungsanschluss der Signale zum Zuge.

Die Sammlung der Einheitszeichnungen enthielt mehr als 200 Blätter aller Bauteile. Der Beginn des Ersten Weltkriegs verzögerte den Fortgang, andererseits enthüllte der Aufmarsch der Truppen, besonders aber deren Verlegung aus den Ostprovinzen an die Westgrenze, einen bedenklichen Mangel des deutschen Eisenbahnwesens: die bereits beklagte Verschiedenartigkeit der Sicherungsanlagen. Daher fand mitten im Krieg eine Tagung von Delegierten des deutschen Eisenbahnwesens statt, auf der über die Vereinheitlichung des Sicherungswesens beraten wurde. Hier wurde auch das Prinzip des Siemensschen Streckenblocks gebilligt. Und die am 1. April 1920 gebildete Deutsche Reichsbahn griff sofort das Thema auf, waren doch bei ihr die Stellwerksbauarten doch durch die süddeutschen und sächsischen Bahnhöfe noch vielfältiger geworden.

1924 ließ die Deutsche Reichsbahn 16 Signalbauanstalten für die Einheitsstellwerke zu, die sich nach der Sammlung der Regelzeichnungen vom selben Jahr zu richten hatten. Die Hebelbank war von Jüdel und der Weichenhebel von Fiebrandt übernommen, der Fahrstraßenhebel dem von Jüdel nachgebildet worden.

Danach gab es für die mechanischen Stellwerke keine umwerfenden Neuerungen mehr, allenfalls Verbesserungen und Verfeinerungen, wie

- 1932 den Klammerspitzenverschluss von Voegele als Einheitsform
- 1937 die mechanische Bauform mit elektrisch angetriebenen Stellhebeln durch die Vereinigten Signalwerke
- 1943 das mechanische Stellwerk mit Gleichstrom-Bahnhofsblock und elektrischem Signalantrieb oder mit Lichtsignalen (Typ M 43)
- 1955 das mechanische Stellwerk von Siemens & Halske mit elektrisch angetriebenen Stellrollen, gesteuert vom Stelltisch über Relaisgruppen.

Die mechanische Bauform des Stellwerks war ausgereift und wurde von der parallelen Entwicklung der Kraft- und Gleisbildstellwerke überholt. So finden wir in der seltenen Bauform »Relais 51« auch den Zwitter zwischen mechanischem und Gleisbildstellwerk. Diese Stellwerke waren eine Eigenproduktion der Deutschen Reichsbahn, vom Technischen Zentralamt entwickelt, und zwar im mechanischen Teil aus einer Bauart, die in Sachsen bereits als »Geisenhofer Sperre« bekannt war, und im Signalteil aus der Bauform I des Relaisstellwerks.

1951 scheint, wie die Bezeichnung darauf hinweist, das Geburtsjahr der Bauform Block 51 zu sein. Herr Hennig vom Technischen Zentralamt der Deutschen Reichsbahn schrieb damals in der »Fahrt frei«: *»Aus Gründen der Wirtschaftlichkeit und des zur Verfügung stehenden Materials lassen sich nicht alle Neuanlagen und auswechslungsbedürftige ältere mechanische Stellwerke als elektrische Kraftstellwerke (Gleisbildstellwerke) ausführen. Der weitaus größte Teil aller zur Zeit vorhandenen Sicherungsanlagen ist mit mechanischen Stellwerken aufgebaut, die sich noch in einem so guten Zustand befinden, daß die Auswechslung eine Verschwendung bedeuten würde.«*

Die Stellwerke Block 51 weisen gegenüber den der Bauart Einheit folgende Besonderheiten auf:

1. Wegfall des Blockwerks, des Blockuntersatzes und der mechanischen Blocksperren. Die Funktion der entfallenden Teile wird von elektrischen Fahrstraßenhebelsperren, die am hinteren Hebelbankwinkeleisen befestigt sind, in Verbindung mit elektrischen Signalhebelsperren übernommen.
2. Wegfall der Fahrstraßenschubstangen, Antriebswellen und der Lagerteile.
3. Wegfall der Signalschubstangen; an den anderen Elementen des Einheitsstellwerks, insbesondere am Verschlussregister, wurde nichts geändert.

Die Stellwerke Block 51 waren 2002 noch dort zu finden, wo nach 1951 neue Anlagen entstanden, in Schwaan, Hoyerswerda, Schwarzkollm, Knappenrode, Knappenrode Süd, Weißkollm,

Spreewitz, Schwarze Pumpe, Leuthen, Lübbenau Süd und Braunichswalde.

Manche meinen, das Kurbelwerk sei die früheste Form des Stellwerks. Das ist gewiss nicht der Fall. Das Kurbelwerk war eine Entwicklung parallel zu den üblichen Stellwerken mechanischer Bauform. Kurbelwerke finden wir auf Bahnhöfen mit einfachen Verhältnissen. Mit dem Hebel, eigentlich eine Kurbel, können Signale und Riegel bedient werden. Weichen sind ortsbedient, werden aber vom Riegel in einer bestimmten Stellung verschlossen. Dadurch ist es möglich, eine Abhängigkeit zwischen den Weichen und dem am Kurbelwerk angebrachten Fahrstraßenhebel und von ihm zum Signalhebel bzw. zur Signalkurbel herzustellen. Das Kurbelwerk stellt die Signalabhängigkeit her.

Eine primitive Form der Sicherungstechnik finden wir im Schlüsselwerk. Es war für einfachste und provisorische Verhältnisse gedacht, wenn zum Beispiel bei Bauarbeiten oder im Krieg das Stellwerk außer Betrieb gesetzt worden war und die Signalabhängigkeit bestehen sollte. In einem Blechkasten, dem Verschlussregister wird mithilfe der senkrecht angeordneten Weichen- und Blockschieber sowie der waagerecht angeordneten Fahrstraßenschieber die richtige Einstellung der Fahrstraße geprüft, die Fahrstraßenfestlegung technisch ermöglicht und die Signalabhängigkeit hergestellt.

Der Wärter oder Fahrdienstleiter gewinnt den Weichenschlüssel durch Verschließen der Weiche bzw. Gleissperre und steckt ihn an eine jeweils bestimmte Stelle des Schlüsselwerks. Sind die zur Fahrstraße gehörenden Weichen- und Gleissperrenschlüssel geschlossen, wird der für die Zugfahrt notwendige Fahrstraßenschlüssel frei. Ist er geschlossen, kann der Signalschlüssel entnommen werden. Er wird benötigt, um den Signalhebel frei zu schließen.

Die Bedienung ortsbedienter Weichen und des Schlüsselwerks ist Zeit raubend; das Schlüsselwerk daher nur eine Notmaßnahme. Gleichwohl musste es die Deutsche Reichsbahn auf einigen Bahnhöfen für längere Zeit einsetzen, weil es an Stellwerken mangelte. Der Bahnhof Spreewitz ar-

Auch eine Rarität: das Kurbelwerk von Thomass auf dem Bahnhof Großharthau (Sachs). Über den Signalkurbeln sind die hölzernen Fahrstraßenhebel zu sehen. Foto: Lohner

Schlüsselwerk im Stellwerk »W 1« des Bahnhofs Küstrin-Kietz (1999). Der aufgesetzte Bahnhofsblock ist eine Zutat.
Foto: Preuß

beitete jahrelang trotz dichtem Zugverkehr mit Schlüsselwerken, ehe Stellwerke der Bauform Relais 51 montiert wurden. Der Bahnhof Bluno erhielt nach dem Umbau der Strecken wegen des Braunkohlentagebaus Welzow ein Schlüsselwerk, ohne dass dieses ersetzt worden ist. Mit Schlüsselwerken arbeiteten 2002 noch die Stellwerke »W 1« des Bahnhofs Küstrin-Kietz sowie »W 1« und »B 2« des Bahnhofs Oderbrücke; die beiden Letzteren erhielten allerdings 1978 zusätzlich den Bahnhofsblock, um die blockelektrische Abhängigkeit zwischen Wärter- und Befehlsstellwerk herzustellen.

2. Mit Druck: Hydraulische und pneumatische Stellwerke

Vor allem im Interesse von Wirtschaftlichkeit und Leistungsfähigkeit wurde in der Stellwerkstechnik beizeiten nach anderen Bauformen gesucht, um einerseits den Stellwerkswärtern das Umstellen der Hebel zu erleichtern, andererseits um größere Entfernungen zwischen dem Stellwerk und dem Weichen- bzw. Signalantrieb zu überwinden, als es die Gestänge- und Drahtzugleitungen zuließen. Bei mechanischen Stellwerken konnten Weichen nur 350 m, Riegel 500 m und Signale 1200 m weit bedient werden. Mithilfe von Signalwinden und Hubübersetzern war es möglich, Signale sogar bis zu 1800 m weit zu stellen. Das aber blieben Ausnahmen, zumal das Bedienen einer Signalwinde viel Zeit in Anspruch nahm. Wegen der geringen Stellentfernungen kam es auf größeren Bahnhöfen zu einer Häufung von Stellwerken und damit zu einem erheblichen Personalaufwand.

Außer den ersten elektrischen Stellwerken wurden Kraftstellwerke mit dem Übertragungsmedien Presswasser oder Pressluft angeboten. Hydraulische Stellwerke, die mit Presswasser, das unter einem Druck von 50 bar Druck stand, arbeiteten, gab es in Deutschland nicht, aber in Frankreich und in Italien.

Zum Druckluft-Stellwerk gehörten die Kraftstation und eine Stromerzeugungsanlage, das Rohr- und Kabelnetz und die besonderen Weichenantriebe. Letztere unterschieden sich von den mechanischen Antrieben durch den Hauptzylinder und den Kolben, der beim Umstellen frei beweglich war, aber in der Endlage der Weichenzungen diese an die Backenschienen drückte bzw. in der abliegenden Stellung festhielt. Da bei Schnee die Gefahr bestand, dass zwischen Zunge und Backenschiene zusammengedrückter Schnee das vollständige Anliegen der Weichenzunge verhinderte, konnte die Kraftwirkung durch Erhöhung der Druckluft verstärkt werden. Das Rohr- und Kabelnetz bestand aus starkwandigen, schmiedeeisernen Rohren mit 13, 20, 25, 38 oder 50 mm lichter Weite.

Herzstück der Anlage war die Kraftstation mit der Pumpe, die sich aber nur periodenweise in Betrieb setzte. Ein selbsttätiger Anlasser ließ den Kompressor anlaufen, der die Luft im Hauptkessel auf 7 bis 10 bar verdichtete, danach schaltete sich der Motor ab. In der Ruhepause kühlten Kompressor und Motor ab. Das Rohrnetz wurde mit dem entsprechenden Druck von 4 oder 1,5 bar über ein Druckverminderungsventil gespeist.

Die Druckluft-Stellwerke arbeiteten zunächst mit 4,5 bis 5 bar verdichteter Luft, deren erstes Schnabel & Henning 1873 auf der Weltausstellung in Wien vorstellte, das aber nirgendwo aufgebaut wurde. Das von der Preußischen Staatsbahn 1881 auf dem Lehrter Bahnhof in Berlin in Betrieb ge-

Das Stellwerk »B 23«, ehemals »Ot«, in Cottbus erhielt als erstes in Deutschland einen Druckluftantrieb mit elektrischer Steuerung (2000). Foto: Preuß

nommene hydraulische Stellwerk von Bresch & Co blieb nur eine Episode, denn vier Jahre später musste es wegen vieler Mängel stillgelegt werden. Ebensowenig kam die amerikanische Bauart zum Zuge. Sie passte nicht zu den deutschen Eisenbahnverhältnissen. Das probeweise in München verwendete Stellwerk der Bauart Westinghouse versagte nach kurzer Zeit.

Die Firma Scheidt & Bachmann baute 1900 auf dem Bahnhof Düsseldorf-Bilk das erste brauchbare Druckluft-Stellwerk, laut Literatur nur versuchsweise, aber es hielt sich, wenn es auch 1904 mit elektrischer Steuerung versehen und 1906 auf einen Niederdruck von 1,5 bar umgestellt wurde[1]. Dieser Druck diente nicht allein dem Umstellen der Weichen und Signale, der Kolben im Antrieb hielt die Weichenzungen in den Endlagen fest. Bei Störungen an der Kompressoranlage konnte auch die Luftpumpe einer Dampflokomotive herangezogen werden. 1932 baute die Firma in Stendal ihr letztes Druckluft-Stellwerk.

Zwei Jahre vor dem Umbau des Scheidt-und-Bachmannschen Stellwerks in Düsseldorf, im Jahre 1902, lieferte Stahmer die deutsche Version des Patents Westinghouse für den Bahnhof Cottbus (Stellwerk »Ot«, heute »B 23«), das aber gleich die elektrische Steuerung erhielt und damit das Erste dieser Art in Deutschland war. 1903 wurde es in Betrieb genommen. Es steuerte im 1650 m langen und 120 m breiten Bezirk 15 Signal-, 47 Weichen-, 14 Fahrstraßen- und 2 Zustimmungshebel. 12 Hebelplätze blieben leer.

1 In den USA wurden bei elektrischer Steuerung nur 0,5 bar eingesetzt.

Untereinander waren die Hebel wie im mechanischen Stellwerk durch das Verschlussregister abhängig. Weitere derartige Stellwerke lieferte Stahmer für die Bahnhöfe Mainz Kaiserbrücke, Wanne, Oberhausen West, Worms, Myslowitz, Dudweiler, Linden-Fischerhof und Darmstadt.

Auch die Maschinenfabrik Bruchsal versuchte sich mit Druckluft-Stellwerken, verwendete hierfür das Hebelwerk von Siemens & Halske, ordnete die Kraftstation sowie die Kabel und Rohrleitungen wie bei Stahmer an, sah aber einen Weichenantrieb mit zwei Steuermagneten für die Ventile vor. Der Leitungsdruck betrug 4 bar.

Ansonsten war dem elektrisch gesteuerten Weichenantrieb Folgendes gemeinsam: Befand sich die Weiche in der Endlage, so war einer der beiden Steuerungsmagnete ständig vom Überwachungsstrom erregt, wodurch ein Ventilpaar so gelegt wurde, dass die Druckluft ständig auf einen der beiden Kolben drückte und damit die Weichenzungen festhielt. Für die Signale war der Antrieb ähnlich gestaltet; hier gab es jedoch nur einen Steuermagneten und ein Ventilpaar.

Beim Umstellen des Weichenhebels im Stellwerk wurde der eine Steuermagnet stromlos und der andere erregt. Die Ventile wechselten ihre Stellung, und Druckluft strömte zum Kolben. Solch ein Umstellvorgang dauerte 2 bis 3 s. Der Steuer- und Überwachungsstrom mit 30 bis 36 V Spannung kam aus einer Sammlerbatterie zu 15 oder 17 Zellen. Nur diese Art – Antrieb durch Druckluft, Steuerung der Weichen und Signale elektrisch – hielt sich bis in die Nachkriegszeit. Das letzte hydraulische Stellwerk dürfte »Sot« in Stendal gewesen sein, das mit der Inbetriebnahme des Zentralstellwerks 1974 stillgelegt wurde.

3. Kabel statt Draht: Die elektromechanischen Stellwerke

Beim elektrischen Stellwerk, das später aus noch zu erklärenden Gründen elektromechanisches Stellwerk genannt wurde, lassen sich die sicherungstechnischen Abhängigkeiten durch entsprechende Schaltung der Stromläufe leichter als bei den bisher besprochenen Bauarten mechanischer Stellwerke herbeiführen. Im Gegensatz zu diesem Stellwerken benötigen die elektrische Stellwerke für den Bahnhofsblock keine besonderen Blockfelder. Die Abhängigkeiten werden vom Gleichstrom bewirkt, der über Magnete die Fahrstraßenhebel – die hier Befehls- oder Zustimmungshebel heißen – der an der jeweiligen Zugfahrt mitwirkenden Stellwerke unmittelbar freigibt. Muss aber ein elektrisches Stellwerk mit gewöhnlichen Bahnhofsblockwerken zusammenwirken, finden

Hinter dem Hebelwerk des AEG-Stellwerks das geöffnete Verschlussregister. Dieser feinmechanische Teil führte zum Begriff des elektromechanischen Stellwerks.
Abbildung aus: Czygan: Die Eisenbahn in Wort und Bild

Die frühe Form des Dreireihen-Stellwerks von Siemens & Halske. Es war bis 1923 in Berlin-Westend in Betrieb.
Foto: Lohner

wir auch im elektrischen Stellwerk Blockfelder, deren Sperren auf das Schalterwerk anfänglich mechanisch, später durch Riegelstangenkontakte elektrisch einwirken.

Aber nicht deshalb, sondern weil hinsichtlich der Stellentfernungen innerhalb eines Bahnhofs scheinbar keinerlei Beschränkungen bestanden, bestellten die Bahnverwaltungen elektromechanische Stellwerke. Die Stellwerksbezirke konnten dann doch nicht unbegrenzt groß sein, denn der Spannungsabfall des Gleichstroms in den elektrischen Leitungen vom Stellwerk bis zum Antrieb von Weiche oder Signal ließ Stellweiten von allenfalls 550 m bei Weichen, 1800 m bei Formsignalen, 2500 m bei Lichthauptsignalen und 3750 m bei Lichtvorsignale zu, sodass der Bezirk beiderseits des Stellwerks höchstens 1100 m groß sein konnte, denn der Wärter musste für die

Fahrwegprüfung und zum Bedienen der Weichen seinen Bezirk überblicken können.

Das elektromechanische Stellwerk bot außer größeren Stellwegen weitere Vorteile:

- geringer Platzbedarf: Statt 140 mm Breite wie beim mechanischen Stellwerk der Bauart Jüdel benötigte das elektromechanische Dreireihenstellwerk[1] nur 70 mm Breite für jeden Hebel.
- geringer Materialaufwand: Ein mechanisches Stellwerk mit 24 Hebelplätzen benötigt etwa 14.000 kg Stahl und Gusseisen (ohne Außenanlagen), ein elektromechanisches mit gleicher Hebelzahl einschließlich der Buntmetalle nicht einmal ein Fünftel davon[2]. Folglich konnte das Gebäude kleiner ausfallen.
- Sämtliche Leitungen konnten unterirdisch geführt werden.
- Elektrische Stellwerke sind ohne nennenswerten Kraftaufwand bedienbar und daher auch für den Einsatz von Frauen und Behinderten geeignet.

1 Das ursprüngliche Dreireihenstellwerk darf nicht mit dem späteren verwechselt werden. Die Hebel waren vertikal in drei Reihen übereinander angeordnet, beim späteren Dreireihenstellwerk horizontal in drei Reihen hintereinander.

2 In der Literatur schwanken die Angaben zum Materialaufwand und reichen von einem Fünftel bis zu einem Zwanzigstel. Ein Fünftel dürfte realistisch sein.

Für Armamputierte bzw. Kriegsversehrte konnte das elektromechanische Stellwerk ein Arbeitsplatz sein.
Foto: Slg. Preuß

Diesen Vorzügen standen die höheren Beschaffungskosten gegenüber, denn ein elektromechanisches Stellwerk kostete zwei Drittel bis drei Viertel mehr als ein vergleichbares mechanisches.

1891 baute Siemens & Halske die ersten elektrischen Weichenantriebe, die im Jahr darauf auf dem Wiener Westbahnhof eingesetzt wurden, und im selben Jahr zeigte die Firma auf der Elektrotechnischen Ausstellung in Frankfurt am Main das erste elektromechanische Stellwerk. Ein solches Stellwerk vom Siemens-&-Halske-Zweigwerk Wien ging 1894 auf dem Bahnhof Prerau (Přerov) der Kaiser-Ferdinands-Nordbahn in Betrieb.

1895 folgte der elektrische Signalantrieb, erfunden von Robert Pfeil im Werk von Siemens & Halske in Berlin. Er entwickelte zu dieser Zeit auch die isolierte Schiene, die für die spätere Gleisbildtechnik Voraussetzung und bahnbrechend sein sollte. 1896 wurde in Deutschland, auf dem Bahnhof Westend in Berlin, das erste elektromechanische Stellwerk – Hersteller Siemens & Halske – in Betrieb genommen (das 1923 verschrottet worden ist).

Bei dieser Stellwerksbauart wollte die Bahn einen weiteren Vorzug nutzen: Musste beim mechanischen Stellwerk der Wärter vor die Hebelbank mit dem Rücken zur Gleisanlage treten und sich deshalb jeweils umdrehen, wenn er auf die Weiche sehen wollte, sollte er dies beim elektromechanischen Stellwerk während der Hebelbedienung. Das war aber bei dem 1,83 m hohen Gehäuse unmöglich. Außerdem war in ihm der Platz für die Kontakte und Drähte zu knapp.

Derartige Dreireihenstellwerke wurden 1897 und 1898 in Untertürkheim, München und Dresden aufgestellt. Jüdel baute 1899 sein erstes elektromechanisches Stellwerk in München-Laim, und auch die Maschinenfabrik Bruchsal stieg in das Geschäft mit den elektrischen Stellwerken ein. Sie brachte 1906 die Bauform K heraus, bei der die Weichen zwar mechanisch, die Signale aber elektrisch gestellt wurden.

Siemens & Halske entwickelte sich zum führenden Hersteller elektromechanischer Stellwerke, wobei diese Firma alsbald die bereits genannte Forderung der Bahnverwaltungen aufnahm, das Stellwerk niedriger zu bauen, damit der Wärter das Gleisfeld über das Stellwerk hinweg gut überblicken konnte. Mitunter wurde ein hoher Stuhl aufgestellt, von dem aus er sitzend die Hebel bediente und zugleich auf das Gleisfeld schaute. Außerdem musste reichlich Platz für die Pflege und Instandhaltung der Hebel, Leitungen und Sperren vorhanden sein. Aus diesen Forderungen an die Konstrukteure entstand das Stellwerk der Bauart 1901. Jetzt saßen die Hebel in Gestalt kleiner Knebel in einer Reihe mit Abständen von 100 mm. Der Stellapparat war ganze 1025 mm hoch.

1907 lieferte die Firma Siemens & Halske die Weiterentwicklung aus, deren Neuerung der Fahrstraßensignalhebel war. Er vereinigte den Signal- mit dem Fahrstraßenhebel. Beim ersten Teil der Drehung von 45° verschließt er mechanisch die Weichenhebel, sperrt sich (nur bei älteren Bauarten, später blieb er beweglich, um Zugfahrten ohne Signal wenigstens mechanisch sichern zu können) und stellt im zweiten Teil der Drehung – 45° bis 90° – das Signal auf Fahrt, wenn der Kuppelstrom die richtige Lage sämtlicher Weichen überprüft und festgestellt hat. Der Bauart 1907 folgte die Bauart 1912, die bis zum Ende des Zweiten Weltkriegs in großer Stückzahl als Einheitsstellwerk und auch als Nachbauten in der Nachkriegszeit gefertigt bzw. eingebaut worden ist.

Zum »klassischen« elektromechanischen Stellwerk gehören zum Antrieb der Weichen und Signale fast ausschließlich Gleichstrommotoren. Die Bewegung der Motoren werden durch Zahnstangen, Zahnräder, Schneckenräder und Schneckenwellen auf die Weichen und Signale übertragen. Grundsätzlich besteht das elektromechanische Stellwerk aus einem in so genannte Stöße unterteilten Gehäuse, in dem alle Hebel gelagert sind. Neben den Weichen-, Gleissperren-, Gleissperrsignal-, Befehls- und Zustimmungshebeln sind in ihm auch die Fahrstraßen-, später Fahrstraßensignalhebel, untergebracht. Die AEG

■ **Befehlsstelle von Siemens & Halske aus dem Jahr 1911 beim Fahrdienstleiter in Garching (1999).** Foto: Wiesmüller

■ **Das Stellwerk »Bgm« im Jahr 2002 – ein für die elektromechanische Bauform typisches Pilzstellwerk aus Stahl in Bremen Hbf, in Betrieb genommen 1935.** Foto: Preuß

hatte für jeweils zehn oder 15 Hebel Gestellteile gefertigt, die auf durchlaufende Rundeisen gesetzt waren. Siemens & Halske verwendete 1,35 bzw. 1,95 m lange Einheiten für 16 oder 24 Hebel; für kleinere Stellwerke gab es auch Gehäuse zu acht Hebeln.

Der elektrische Strom kann nicht direkt dem Netz oder einer Kraftmaschine entnommen werden, weil die Spannung zu sehr schwankt. Deshalb werden Puffer- oder Sammlerbatterien dazwischen geschaltet, die dem Stellwerk Strom mit gleichmäßiger Spannung liefern. Die Sammler sorgen auch für den Sicherheitsvorrat, falls es zum Ausfall der Stromzufuhr kommt. Es sind dann noch bis zu 5000 Umstellungen möglich, die Batterien für den Überwachungsstrom reichen sogar für 48 Stunden aus. Als weitere Kraftquelle steht meist ein Notstromaggregat zur Verfügung.

Auch bei den elektromechanischen Stellwerken lieferte jeder Hersteller Eigenheiten, zum Beispiel Jüdel eine Schaltwalze, die eine falsche, zur Unterbrechung des Überwachungsstroms führende Bedienung ausschließen sollte. Siemens & Halske sah im Gebäude einen 0,75 bis 1 m hohen Zwischenboden vor, in den die Kabel leicht eingeführt und verteilt werden konnten und der dem Monteur das Herstellen der Schaltungen erleichterte. Die AEG verwendete als Verschlussregister die gleichen wie bei ihren mechanischen Stellwerken. Stahmer hielt sie auf Stellwerken größerer Bahnhöfe für unzweckmäßig, da sie in den Stellwerksräumen schwierig unterzubringen waren. Deshalb griff diese Firma wie die Maschinenfabrik Bruchsal sowie Jüdel auf den Stellapparat und das Verschlussregister von Siemens & Halske zurück. Unterschiedlich waren die Spannungen für den Stell- und den Überwachungsstrom. Siemens & Halske sah für den Stellstrom 120 bis 130 V (später nur noch 136 V), Jüdel bis zu 140 V, die AEG 150 bis 160 V Spannung vor. Der Überwachungsstrom besaß bei Siemens & Halske 24 bis 32 V, bei Jüdel 30 bis 36 V, bei der AEG 35 bis 40 V Spannung.

Größere Veränderungen und Unterschiede zeigten sich beim Schalterwerk. Hier finden wir die miniaturisierte Nachbildung des Hebels vom mechanischen Stellwerk (zum Beispiel bei der AEG) oder den in der Elektrotechnik üblichen Drehschalter (zum Beispiel Stahmer, Siemens & Halske). Schließlich bildeten sich als Hauptbauarten die der AEG und die von Siemens & Halske heraus.

Die AEG-Signal- und Weichen-Schalthebelchen lagen in der Grundstellung schräg nach rückwärts. Der Fahrstraßenhebel stand in der Grundstellung lotrecht. Durch Umlegen nach rückwärts oder vorwärts wurde die eine oder die andere Fahrstraße eingestellt. Gleich den Hebeln im mechanischen Stellwerk besaßen die des elek-

trischen Handfallen, die durch Niederdrücken des Hebels gelöst werden mussten, bevor der Hebel umgestellt werden konnte. Wurde ein Weichen- oder Signalhebel umgelegt, dauert es einige Sekunden, bis sich Weiche oder Signal in der entsprechenden Stellung befanden. Auch bei Störungen, dann aber andauernd, konnte die Lage von Hebel und Weiche bzw. Signal voneinander abweichen. Diese Abweichung zeigten durch den Überwachungsstrom gesteuerte Farbscheiben an, die hinter einem Fensterchen unter jedem Hebel zu sehen waren. Beim Fahrstraßenhebel zeigten die Farbscheiben die Vorgänge des Bahnhofsblocks an. Außerdem ertönte bei Nichtübereinstimmung von Hebel und Antrieb und bei Störungen eine Klingel.

Beim Schalterwerk von Siemens & Halske, das heute noch oft anzutreffen ist, wird die Stellung des Schalters – fachmännisch: des Hebels – durch einen Strich auf weißem Grund kenntlich gemacht. Ein vertikaler blauer Strich zeigt, dass die Weiche in der Grundstellung (bei horizontalem Strich in der anderen) befindet. Ein roter Pfeil kennzeichnet die Stellung des roten Fahrstraßensignalhebels. Steht er nicht waagerecht, zeigt er an, welches Signal auf Fahrt gestellt wurde, je nachdem, ob seine Nase nach rechts oder nach links weist. Die Hebel für Gleissperren gleichen den Weichenhebeln. Die Hebel der Gleissperrsignale, Deckungssignale, Deckungsvorscheiben und Signale für Sperrfahrten und Schiebelokomotiven sind ebenfalls wie Weichenhebel ausgeführt und werden durch einen roten Ring gekennzeichnet.

Soll beispielsweise ein Weichen- oder Fahrstraßensignalhebel umgestellt werden, muss er um 90^0 gedreht werden. Auf der Rückseite des Griffes ist ein Stift eingelassen, der etwa 6 mm in Ausbohrungen der Vorderplatte in der jeweiligen Hebelendstellung eingreift und beim Umlegen des Hebels zuvor sein Herausziehen erfordert. Die Nichtübereinstimmung zwischen Schalter und Antrieb wird auch hier durch eine Klingel und eine rote Farbscheibe oder durch Lampen kenntlich gemacht.

An diesem Stellwerktyp wurden ständig die Abhängigkeitsschaltungen und einzelne Baugruppen verbessert. Er wurde auch nach dem Hersteller, die den Vereinigten Eisenbahnsignalwerken, seit 1912 als VES bezeichnet. Da die Deutsche Reichsbahn in der DDR vom einzigen Stellwerkslieferanten, dem Werk für Signal- und Sicherungstechnik Berlin (WSSB), nur unzureichend Gleisbildstellwerke erhielt, die Vielzahl der mechanischen Stellwerke aber durch modernere Bauarten ersetzt werden musste, baute das Signal- und Fernmeldewerk der DR (SFW) von 1978 an selbst elektromechanische Stellwerke. Das VES 1912 wurde nun modifiziert und Bauart E 12/78 genannt. Das ebenfalls vom SFW gebaute Stellwerk Relais 51 ist im Kapitel über die mechanischen Stellwerke behandelt.

1924 stieß, wie bereits im Abschnitt über die mechanischen Stellwerke bemerkt, die Firma Orenstein & Koppel auf den Markt der Signaltechnik vor, indem sie ein elektrisches Stellwerk eigener Bauform vorstellte, das den VES-Stellwerken ähnelte, an Stelle der Drehschalter waren jedoch kleine Hebel eingesetzt.

Fielen die elektrischen Stellwerke durch den elektrischen Antrieb von Weichen und Signalen sowie durch die kleinen – Lichtschaltern nachgebildeten – Hebel und die die Drahtzüge ersetzenden Kabel auf, so blieb ihnen das mechanische Verschlussregister, das wie im mechanischen Stellwerk die Abhängigkeit zwischen den Weichenhebeln sowie den Fahrstraßen- und Fahrstraßensignalhebeln herstellte. Seinerzeit galt dieses Register als sicherer als die rein elektrischen Verschlüsse. Die AEG installierte auf dem Rangierbahnhof – der sich seinerzeit Verschiebebahnhof nannte – Osterfeld Süd 1925 erstmals ein Tischstellwerk mit vollelektrischen Verschlüssen. Was hier auf Fahrstraßen für Güterzüge beschränkt blieb, wurde im selben Jahr von Siemens & Halske bei der S-Bahn in Wien auf Fahrstraßen für Reisezüge ausgedehnt. Das erste vollelektrische Stellwerk der VES stand seit 1937 in der Braunkohlengrube »Theodor« in Bitterfeld.

Bauformen elektromechanischer Stellwerke		
Bauform	**DB, DR**	**Bemerkungen**
AEG		
EZMG	DR	
Gaselan	DR	
O & K/Schub	DB, DR	Ein- und Zweireihenstellwerk
Pintsch	DR	Zweireihenstellwerk
Scheidt & Bachmann	DB, DR	
Siemens & Halske 1901	DB, DR	
Siemens & Halske 1907	DB, DR	
Siemens & Halske 1912	DB, DR	alte Farbscheibenanordnung
	DB	neue Farbscheibenanordnung
Siemens & Halske 1922	DB	alte Farbscheibenanordnung
VES	DR	Zweireihenstellwerk
VES	DB, DR	Vierreihenstellwerk
	DB	Dreireihenstellwerk
VES 1912 E 43	DB, DR	mit Farbscheibenüberwachung
	DB	mit Lampenüberwachung
VES 1932	DR	
VES 1938	DR	

Mit dem elektrischen Verschlussregister wurde später der elektrische Strom nicht nur für den aktiven Teil des Stellwerks, den Leistungsteil, eingesetzt, sondern auch für den passiven Teil, für die schützende Funktion, auf die im Abschnitt über die elektronischen Stellwerke noch eingegangen wird.

1928 gab es eine weitere Neuerung: Auf einem Stellwerk im Rbd-Bezirk Berlin wurde die Stellung der Weichen nicht mehr durch Farbscheiben oder Lampen in der Nähe des Hebels angezeigt, sondern auf einer Tafel, der so genannten Gleistafel, über dem Schalterwerk, auf der schematisch der Gleisplan nachgebildet war.

Statt lang gestreckter Stellwerke, die auf großen Bahnhöfen üblich waren und zur Bedienung der Hebel mehr als einen Beschäftigten erforderten, sollte ein Eisenbahner, der Fahrdienstleiter, das Stellwerk allein beherrschen. Damit die Bedienfläche enger und übersichtlicher wurde, sind die Hebel statt nebeneinander übereinander angeordnet worden, die Mehrreihenstellwerke entstanden.

Die VES lieferte solches tischförmige Mehrreihenstellwerk zuerst 1930 für den Bahnhof Duisburg Hbf (»Dbm«). Bei diesem Dreireihenstellwerk waren die Stellhebel auf einer 80 cm hohen Tischplatte in drei Reihen hintereinander angeordnet, und zwar bei einem seitlichen Abstand von 75 mm. Weil die Instandhaltung dadurch erschwert war, wurde der Abstand beim nächsten Modell auf 88 mm vergrößert. Das erste Vierreihenstellwerk der Bauart VES 1932 kam 1933 zum Rangierbahnhof Dortmund Süd. Dort brauchten 128 Hebelplätze nur 3,60 m Breite, also nur ein Fünftel des Platzes wie auf dem mechanischen Stellwerk. Kamen noch die anderen Einrichtungen für den Fahrdienstleiter-Arbeitsplatz hinzu, wie Morsefernschreiber, Fernsprecher, Tisch, Stuhl, Schrank, brauchte der Bedienraum nicht größer als 6,60 m x 7 m zu sein. Das war auch gut für die Übersicht des Bedienpersonals.

Beim Vierreihen-Stellwerk wurde das sonst hinter dem Stelltisch liegende Verschlussregister um 40 cm in den Fußboden versenkt, die Kipphebelbewegungen wurden in eine Drehbewe-

Vierreihen-Stellwerk »B 3« von Leipzig Hbf (1939). Foto: Slg. Preuß

gung umgesetzt und über lange Achsen durch den Fußboden nach unten übertragen. Dieses Prinzip wandte auch die Firma Pintsch bei ihren Zweireihen-Stellwerken an.

1930 hatte Scheidt & Bachmann das erste elektrische Einreihenstellwerk gebaut, womit wieder fast alle deutschen Firmen, die auch mechanische Stellwerke herstellten, mit den elektromechanischen befasst waren. Das erste Vierreihenstellwerk dieser Firma ging 1934 an eine Werkbahn[3].

Aus dem Einreihenhebelwerk 1912 leitete die VES die Einheitsform der elektrischen Stellwerke ab, die Bauform E 43 mit Farbscheiben- oder Glühlampenüberwachung[4]. Dieser Stellwerkstyp ist bis zur Zerstörung des Blockwerks von Siemens & Halske im Jahre 1943 reichlich geliefert worden. Die bis 1940 geführte Statistik spricht von rund 3000 Hebelwerken mit rund 125.000 Hebelplätzen. Zwischen 1945 und 1950 wurde eine Vereinheitlichung der Stromkreise als »Regelschaltung E 43/50« entwickelt. Damit wa-

3 Während es in Deutschland beim Vierreihenstellwerk, also vier hintereinander gereihten Hebeln, blieb, wurden 1935 von der VES für Amsterdam mehrere Fünfreihen- und für den Bahnhof Maastricht (»Post T«) 1935 sogar ein Siebenreihenstellwerk geliefert.

4 E 43 bedeutet Einheitsstellwerk, erstes Baujahr 1943.

■ **Der Dienstraum des 1928 in Betrieb genommenen Stellwerks »Chab« vom Bahnhof Berlin-Charlottenburg ruht auf zwei Vollwand-Stahlträgern mit Stahlstützen (1994).** Foto: Preuß

■ **Verbreitet waren auch die Stellwerke in Form eines Bügeleisens. »Bgf« in Hamburg-Bergedorf (1975).** Foto: Wiesmüller

Bauform Gaselan auf dem Stellwerk »B 2« in Aue (Sachs) mit 128 Hebelplätzen (1996). Foto: Preuß

ren die Schaltungen für die Form- und die Lichtsignale weitgehend gleich. Der Stellwerkstyp war trotz der wachsenden Verbreitung von Gleisbildstellwerken bei der Deutschen Bundesbahn stark vertreten. 1962 besaß sie 1040 dieser Stellwerke, 1985 noch 387.

Die wohl späteste und auch am wenigsten verwendete Form des elektromechanischen Stellwerks ist die Entwicklung der Nachkriegszeit, Bauart Gaselan. Für die 614 elektromechanischen Stellwerke von Siemens, die sich nach 1945 im Netz der Reichsbahn (Ost) befanden, lieferte bis zur Währungsreform 1948 der in West-Berlin ansässige Hersteller noch Ersatzteile in beschränktem Umfang.

Danach standen der Deutschen Reichsbahn keine anderen Hersteller elektromechanischer Stellwerke mehr zur Verfügung, allenfalls die Firmen Weinitschke und Gast in Berlin, die aber nur noch Teile für mechanische Stellwerke produzierten. Die Paul Weinitschke GmbH wurde 1948 in Volkseigentum übergeführt (und vom 1. Mai 1951 an als Werkteil dem VEB Gaselan unterstellt). Für elektromechanische Stellwerke lagen weder dem neuen VEB noch einem anderen in der DDR Konstruktionszeichnungen und Fertigungsunterlagen vor.

Deshalb forderte 1949 die DR-Generaldirektion, sofort einen volkseigenen Betrieb auszuwählen, der das Stellwerk der Bauart Siemens nachbauen konnte. Das Ministerium für Maschinenbau beauftragte das Funkwerk Köpenick, solche Konstruktionszeichnungen und Fertigungsunterlagen anzufertigen, was den wenigen Facharbeitern mit Kenntnissen über den Bau von Sicherungsanlagen gelang. 1950 begann die Produktion von Ersatzteilen, und im gleichen Jahr nahm der VEB Gaselan die Herstellung des Zweireihenstellwerks auf, wie es die Firma Pintsch gebaut hatte. Die neuen Stellwerke wurden einerseits an wichtige Bahnhöfe geliefert, die durch die Kriegszerstörungen oder Demontage besonders gelitten hatten wie Pasewalk, andererseits nach Schwarzenberg (Erzgeb) und Aue (Sachs), wo die Bahnhöfe im Zuge des enormen Personen- und Güterverkehrs für den Uranbergbau der SDAG Wismut dringend einen höheren technischen Standard benötigten.

Gleichzeitig mit der Auslieferung der elektromechanische Stellwerke begann der VEB Gaselan, das Gleisbildstellwerk Gaselan zu entwickeln, das vom späteren VEB Signalbau Berlin für den Bahnhof Hennigsdorf gebaut wurde.

DR-Eigenbau eines elektromechanischen Stellwerks: »R 2« auf dem Bahnhof Magdeburg-Rothensee (2000).
Foto: Preuß

Die Hebel des elektromechanischen Stellwerks sitzen in zwei Reihen zu 16 Stück auf der Tischplatte. Wurden mehr als 32 Hebel benötigt, mussten mehrere Tische aneinander gereiht werden. Die Hebel sind umlegbar auf Achsen gelagert, die an der Tischplatte durch Gussblöcke gehalten werden. In den Endstellungen sind die Hebel durch eine Handfalle gesichert.

Vor dem Bedienen muss der Hebel niedergedrückt und dadurch entklinkt werden. Wird der Hebel um- oder zurückgelegt, so folgen der Antrieb und mit ihm die Weichenzungen oder die Gleissperre diesen Bewegungen. Die Befehls-, Zustimmungs- und Fahrstraßenhebel können zunächst nur bis zu 20° umgelegt werden, wodurch sie die abhängigen Weichenhebel festlegen und »feindliche« Fahrstraßen ausschließen. Werden die Hebel vollständig umgelegt, gehen der Befehl oder die Zustimmung an das abhängige Stellwerk. Durch den vollständig umgelegten Fahrstraßenhebel wird der Hebel des abhängigen Signals frei.

Die Abhängigkeit zwischen den Signal- und Weichenhebeln wird innerhalb des Stellwerks mechanisch hergestellt durch Schubstangen, die unter dem Hebeltisch zwischen den senkrechten Verschlusswellen der Weichenhebel übereinander liegend angeordnet sind und durch die Fahrstraßen-, Befehls- oder Zustimmungshebel bewegt werden.

4. Befehle im Speicher: Die Ablaufstellwerke und Ablaufautomatik

Zu den Stellwerken, die nur dem Rangierdienst dienen und deshalb ohne Hauptsignale und entsprechende Zugfahrstraßen auskommen, gehören die Ablaufstellwerke. Sie stehen am Ablaufberg, besitzen Weichen-, aber keine Fahrstraßenhebel und keine Bahnhofs- oder Streckenblockeinrichtung. Wie bei den anderen, den Wärter- und Befehlsstellwerken, gab und gibt es die mechanische und die elektromechanische Bauform.

Die Wärter auf den Ablaufstellwerken müssen während des Ablaufens der Wagen rasch reagieren und sich konzentrieren. Der voraus gelaufene Wagen muss die für den nächsten Wagen umzustellende Weiche profilfrei (der Eisenbahner sagt: grenzzeichenfrei) gefahren haben. Dann erst darf der Wärter die Weiche bzw. die Weichen umstellen. Die Wagen rollen in dichter Folge ab, sodass es meist nur möglich ist, unmittelbar vor dem anrollenden Wagen die Weichenzungen zu bewegen. Der Wärter muss stets sorgsam abwägen, ob er den Umstellvorgang »noch wagen« darf oder auf ihn verzichtet. Reagiert er zu spät, entgleist der Wagen, verzichtet er auf den Umstellvorgang, läuft der Wagen in das falsche Gleis. Diese Wagen oder -gruppen müssen erneut auf den Ablaufberg geholt werden, was den technologischen Ablauf verzögert, es sei denn, man riskiert, den Wagen mit dem falschen Zug abfahren zu lassen.

Wohin die Wagen oder -gruppen zu laufen haben, erfährt der Wärter aus dem Rangierzettel oder über eine Wechselsprechanlage, und auch dabei muss er koordinieren, für welchen abrollenden Wagen die Gleisangabe bestimmt ist. Entgleisungen oder Fehlläufe waren bzw. sind auf den Rangierbahnhöfen nicht selten. Vom Ablaufwärter wurde viel Konzentration und Routine verlangt. Eine gewisse Erleichterung brachte ein Tischstellwerk von Siemens & Halske, bei dem neben jedem Weichenhebel Lämpchen anzeigten, ob die Weiche besetzt oder frei ist.

Gerade weil der Ablaufbetrieb fließbandartig funktioniert, strebten die Bahnverwaltungen schon früh an, die Weichenumstellungen zu automatisieren. 1909 entstand in Köln-Kalk Nord das erste spezielle elektromechanische Ablaufstellwerk. 1915 baute die Firma Siemens & Halske auf dem Bahnhof Herne eine Ablaufanlage mit automatischer Weichenstellung, die Robert Pfeil bereits 1908 patentiert worden war. 1923 erhielt die August-Thyssen-Hütte für die Ablaufanlage in Hamborn Grünstraße von der AEG das erste Tischstellwerk mit einem Schaltspeicher. Eine solche Anlage zeigte AEG auch auf der Verkehrsausstellung 1924 in Seddin. Das Ablaufstellwerk »Hvw« des Bahnhofs Hamm (Westf) Vbf und der Bahnhof Wanne-Eickel erhielten 1925 eine elektromechanische Anlage, bei der die Rückmel-

Ablaufspeicherstellwerke der DR bis 1929[1]

Bahnhof	Bauart	Inbetriebnahme	Zahl der Weichen	davon selbsttätig umgestellt
Arnsdorf[2]	AEG	August 1927	30	5
Bremen Vbf	Siemens & Halske	Oktober 1928	44	8
Dittersbach[2]	Siemens & Halske	März 1928	73	7
Duisburg-Hochfeld Süd	AEG	März 1928	52	9
Hamm (Westf) Vbf	AEG	November 1925	32	5
Osterfeld Süd	AEG	1946	8	

1 Aus: Die Reichsbahn, Berlin, 1929, S. 404

2 Reichsbahndirektion Breslau

dungen auf einem Gleisbild erschienen. Hier wurden jedoch nur die ersten Verteilerweichen für die selbsttätige Umstellung angeschaltet.

Siemens & Halske und die AEG verfolgten mit ihren Ablaufspeicherstellwerken zwei Richtungen: Bei der AEG übernahm ein Speicherrad die vor-

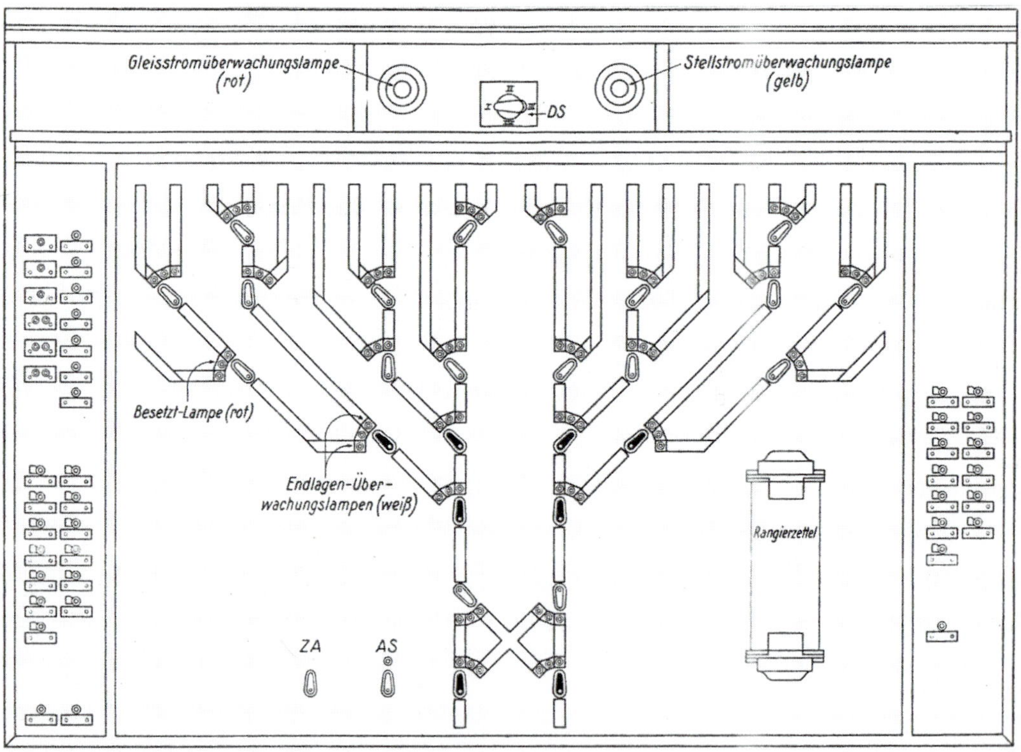

■ **Die Tischplatte eines Ablauftischhebelwerks gibt gut das Gleisbild wieder. 1998 wurde noch in Duisburg-Hochfeld mit solch einem Stellwerk gearbeitet.** Abbildung: Slg. Lohner

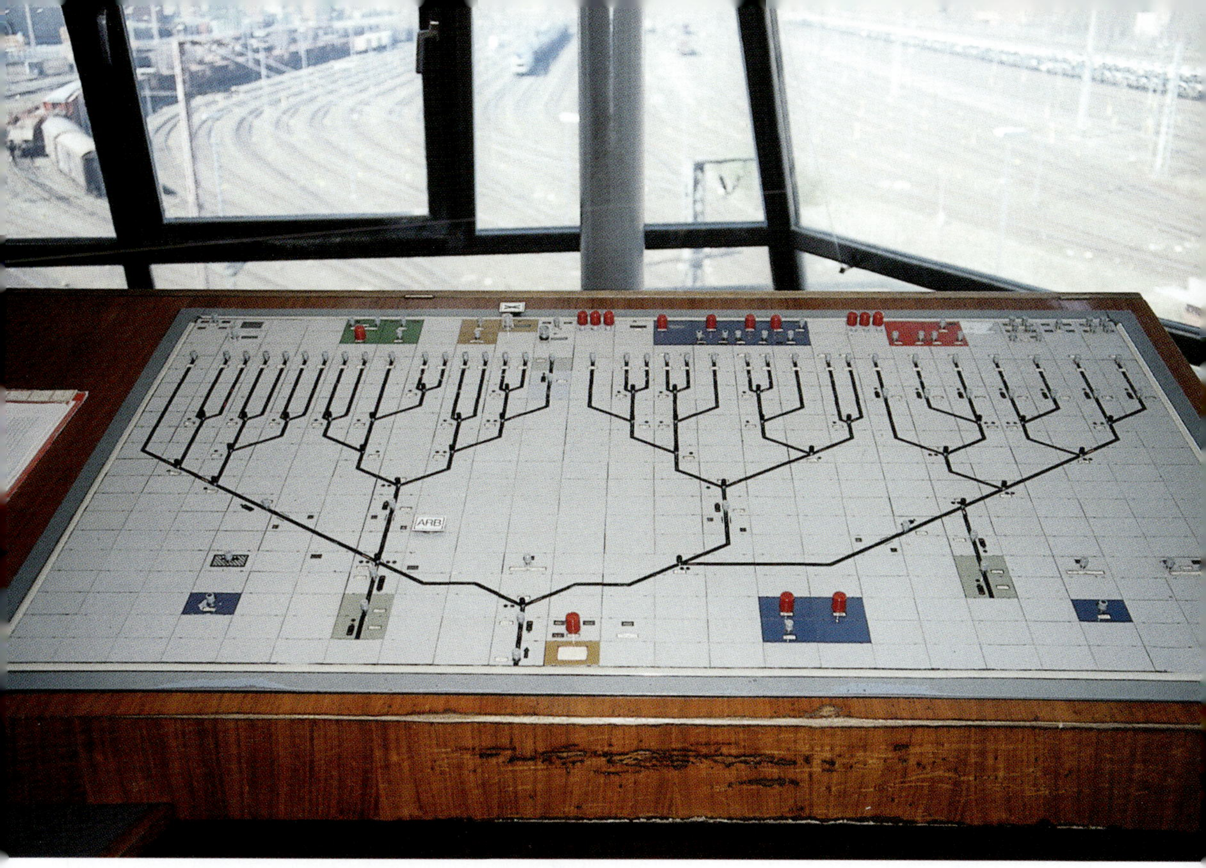

Aus Hebeln wurden Tasten: »Oro« in Osnabrück Rbf (2002). Foto: Preuß

bereitenden Einstellungen. Jeder Wagen wirkte, wenn er eine Weiche befuhr, mithilfe einer isolierten Schiene auf den Schaltspeicher ein. Damit stellte sich die Weiche, nachdem sie freigegeben war, selbsttätig für den nächsten Wagen ein. Siemens & Halske verwendete ein rein elektrisches Tastenregister, in das die Aufträge eingespeichert und dauernd sichtbar waren. Jeder Wagen steuerte, wenn er eine Weiche befuhr, die gewünschte Lage der nächsten Weiche. Die Kapazität der Speicher reichte allenfalls für die erste Weichenstaffel aus. Die erste vollautomatische Ablaufanlage lieferte die VES 1930 für den Rangierbahnhof Dresden-Friedrichstadt.

1954 setzte die Bundesbahn die Automatisierung der Ablaufanlagen im Bahnhof Gremberg fort; die Rangierstellwerke waren inzwischen (bei der Reichsbahn ebenfalls einige) mit Relais ausgestattet worden. In der Drucktastentechnik ausgereift war der Prototyp des Ablaufstellwerk, Bauform ASpDr S 60, auf den Rangierbahnhöfen Seelze (1963) und Kornwestheim (1964).

Wichtig bei diesen Stellwerken war, dass alle unbeabsichtigten Abweichungen vom Programm durch ein selbsttätig arbeitendes Überwachungsprogramm erkannt und gemeldet wurden. Die gesamte Verteilzone wird aus Sicherheits- und schaltungstechnischen Gründen lückenlos bis in die Richtungsgleise mithilfe von Gleisschaltmitteln (zum Beispiel Achszählern) auf den Frei- oder Besetztzustand überwacht.

Die Bundesbahn bevorzugte das Laufspeichersystem, bei dem der Wärter die Folge der zugehörigen Richtungsgleistaste gleich Fahrstraßen drückt. Der ablaufende Wagen stellt sich seinem Ziel entsprechend den Fahrweg selbst. Hat er eine Beeinflussungsstelle befahren, wird die nächste Weiche in die der Fahrstraße entsprechende Stellung gebracht. Läuft ein Wagen zu dicht auf und geht dadurch ein Befehl verloren, läuft er sei-

Ablaufstellwerk in Dresden-Friedrichstadt (2001). Foto: Preuß

nem Vorgänger nach. Alle folgenden Wagen fahren wieder programmgemäß. Außerdem kann man die Befehle einfach und schnell ändern.

Beim Weichenspeichersystem, das die Reichsbahn anwendet, ist jeder Weiche eine Speichereinrichtung zugeordnet. Dem Fahrweg entsprechend wird die erforderliche Weichenstellung für jeden Ablauf in der Speichereinrichtung gespeichert. Der zuerst gegebene Befehl stellt die Weiche in die gewünschte Lage. Hat der Wagen die Beeinflussungsstelle befahren, wird der erste Befehl gelöscht; die noch eingespeicherten Befehle rücken nach, und die Weiche stellt sich in die dem Befehl gemäße Stellung. Der Nachteil dieses Verfahrens ist, dass beim Aufrücken eines Wagens auf einen anderen die Befehlsreihe in Unordnung gerät. Der Stellwerkswärter muss den Fehler, wie die nachfolgenden Befehle, korrigieren.

Die Reichsbahn beendete 1960 die Versuche mit dem Prototypen eines Ablaufspeicherstellwerkes auf dem Verschiebebahnhof Berlin-Wuhlheide. Danach dauerte es noch fast zwei Jahrzehnte, bis die Rangierbahnhöfe Dresden-Friedrichstadt, Erfurt Gbf, Halle Gbf, Seddin und Zwickau (Sachs) Hbf ein Stellwerk der Bauform GS II A 68 erhielten. Es besaß einen Fünffachspeicher, der die Laufzielaufträge für jeweils fünf Abläufe aufnehmen kann. Es wurde auf den Bahnhöfen durch eine Lochbandeingabe ergänzt. Der Lochstreifen wird mit dem Rangierzettel auf einer Fernschreibmaschine hergestellt. Er verändert im Fünffachspeicher die Laufzielaufträge so, als würden sie manuell verändert.

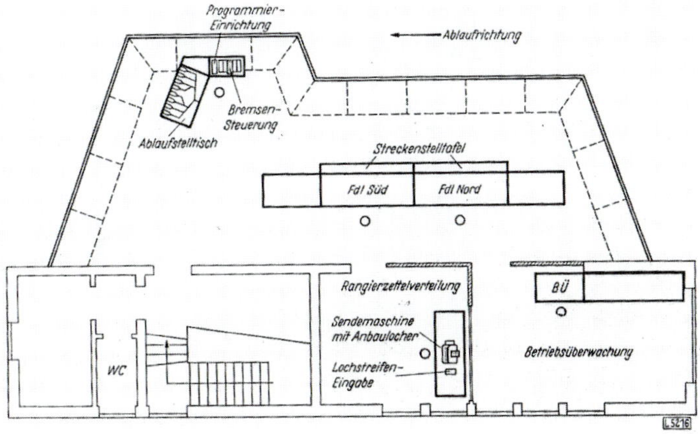

Bedienraum für Ablaufwärter und Fahrdienstleiter in Kornwestheim Rbf.
Abbildung aus: Der Rangierbahnhof und seine technische Ausrüstung

In der Regel werden die Ablaufinformationen über Lochstreifen in den Speicher eingegeben. Der Lochstreifen entsteht mit dem Rangierzettel auf einem Blattschreiber, wobei er vom Rangierzettel nur die Angaben übernimmt, die für den selbsttätigen Ablauf erforderlich sind (Richtungsgleisnummer und ggf. ein Wiegezeichen, wenn der Wagen während des Ablaufs gewogen werden soll). Die Eingabe vom Lochstreifen in den Speicher für einen Zug mit etwa 40 Abläufen dauert rund 10 Sekunden.

Die Abläufe werden im Ablaufstellwerk beim Wärter oder Bergmeister programmiert; auch die Handprogrammierung, Einzellöschung, Gesamtlöschung und Korrekturen sind möglich. Meldelampen zeigen den jeweiligen Zustand an. Die Aufgabe der Automatik besteht darin, das Ablaufprogramm in der Reihenfolge der Abläufe abzurufen und von Laufwegspeicher zu Laufwegspeicher weiterzuschalten und nach der Verarbeitung zu löschen. Jeder Ablauf nimmt seinen Laufwegauftrag mit und schaltet ihn von Wirkzone zu Wirkzone weiter.

In der Regel ist der Ablaufwärter von der Beobachtung der Stelltischmeldungen entbunden. Er greift nur bei Unregelmäßigkeiten (Falschläufer, zu lange Weichenstellzeiten) ein.

Abgesehen von der besonderen Bauform der Stellwerke mit Ablaufspeicher bedeutete die Gleisbildtechnik für die Rangierbahnhöfe eine enorme Rationalisierung. Ein Rangierbahnhof, der 3 bis 4 km Ausdehnung haben kann, besaß bis zu 15 mechanische oder elektromechanische Stellwerke – ein zweiseitiger Rangierbahnhof sogar bis zu 30 –, darunter einige mit nur geringer Auslastung, die aber besetzt werden mussten, weil auf die Fahrwegprüfung durch den Wärter nicht verzichtet werden konnte.

5. Altes Eisen: Die unterlegenen mechanischen Stellwerke

Ehe wir zu den modernen Relaisstellwerken und zu den derzeit modernsten, der elektronischen Bauart übergehen, einige Bemerkungen zu der Auffassung, alle Stellwerke zuvor, gehörten zum alten Eisen. Eine bekannte Zeitschrift erklärte einmal zum Bild eines mechanischen Stellwerks: *»Beim Handbetrieb kommt es immer wieder zu Fehlern.«* War und ist das wirklich so? Abgesehen davon, dass die Formulierung »immer wieder« übertrieben ist (sie wäre durch »hin und wieder« zu ersetzen), müsste erklärt werden, was unter dem Begriff »Fehler« zu verstehen ist. Gingen wir davon aus, dass die mechanischen Stellwerke unsicher, sogar gefährlich seien, müsste auf vielen Strecken der Eisenbahnbetrieb eingestellt werden und wir verachteten den Erfindungsreichtum unserer Großväter. Nein, mechanische Stellwerke erfuhren bei den deutschen Eisenbahnen eine hohe technische Reife.

Es ist wohl modern, das Bisherige gering zu schätzen, sobald etwas Neues auf dem Markt ist, ohne das Neue kritisch zu bewerten. Tatsächlich gibt es keine technische Einrichtung, die absolut sicher ist. Die »menschliche Versagenswahrscheinlichkeit«, das haben Wissenschaftler errechnet, liegt bei 10^{-3} bis 10^{-4}, die technische eines Gleisbildstellwerks bei 10^{-8} bis 10^{-10}. Beispielsweise war bei 10.000 Ersatzsignalbedienungen mit einer Zuggefährdung zu rechnen, die Technik eines Stellwerks »liefert« erst nach zehn Milliarden Zugfahrten eine Gefährdung! Und Gefährdung bedeutet nicht unbedingt Unfall.

Die Entwicklung der mechanischen Stellwerke war nie stehen geblieben und schloss mit dem Prinzip »Sicherheit zuerst« immer ein, dass Menschen fehlbar sind und dass man sich nicht auf deren Reaktionen verlassen dürfe. Bereits die Zentralisierung der Weichen- und Signalbedienung im Stellwerk und die Signalabhängigkeit waren wichtige Schritte dahin, dass es nicht, wie geschrieben, »immer wieder« zu Fehlern kommt. Schließlich wurden die Einrichtungen im mechanischen Stellwerk ständig vervollkommnet.

Einige seien in alphabetischer Reihenfolge genannt:

Endsperre: Einrichtung des Streckenblock, die – ergänzt durch die elektrische Streckentastensperre – verhindert, dass das Endfeld bedient, also zurückgeblockt und der rückgelegene Blockabschnitt freigegeben wird, solange das Einfahr- oder Blocksignal noch auf Fahrt steht. Erst musste das Signal wieder auf Halt gebracht werden, ehe der nächste Zug folgen konnte.

Mechanische Tastensperre: Einrichtung des Streckenblocks, die verhindert, dass das Anfangsfeld bedient, also vorgeblockt wird, solange das Ausfahr- oder Blocksignal nicht auf Fahrt gestellt wurde. Dem Wärter war es nicht möglich, eine Zugfahrt vorzutäuschen. Die vorgelegene Betriebsstelle konnte nicht vorzeitig zurückblocken und dadurch den Blockabschnitt unzeitig freigeben. Diese Einrichtung wurde später noch dadurch verbessert, dass sie bereits beim teilweisen Ziehen des Signalhebels wirkte, weshalb sie frühauslösende mechanische Tastensperre genannt wird.

Hebelsperre: Bauteil, das einen Hebel gegen unzeitiges Umstellen sperrt. Das wurde unter anderem bei Weichenhebeln eingesetzt, wenn die Weiche vom Wärter nicht gesehen werden konnte.

Signalfahrtmelder: Durch Kontakte des betreffenden Signal gesteuertes Relais, womit die Fahrtstellung des ersten Signalflügels als Symbol oder als Kontrolllampe angezeigt wird. Der Fahrtmelder wird verwendet, wenn sich das Ausfahrsignal von der Signalbedienungsstelle aus nicht einsehen lässt, dem Fahrdienstleiter die Fahrtstellung eines Signals angezeigt werden soll oder eine Abhängigkeit zu einem Vorsignal besteht. Da der Fahrtmelder eine Schaltung nach dem Arbeitsstromprinzip hat, kann mit ihm nicht die Haltstellung eines Signals überwacht werden, selbst wenn ein Symbol oder die Kontrolllampe die Haltstellung anzeigt.

Signalhaltmelder: Durch die Kontakte eines Signals gesteuertes Relais, mit dessen Hilfe im Ruhestromprinzip die Haltstellung eines Signals sicher überwacht wird. Optische Anzeige durch ein waagerecht stehendes Flügelsymbol oder eine Kontrolllampe. Der Signalhaltmelder wird dort angewendet, wo die Haltstellung des Signals nicht sicher erkannt werden kann. Solange sich der Signalhebel außerhalb einer Endlage befindet, ertönt zusätzlich eine Klingel oder eine Hupe.

Signalverschluss: Einrichtung des Streckenblocks, die verhindert, dass ein Ausfahr- oder Blocksignal auf Fahrt gestellt wird, solange das Anfangsfeld geblockt ist, sich also ein Zug im vorgelegenen Blockabschnitt befindet.

Unterwegssperre: die Wiederholungssperre ergänzende Einrichtung am Signalhebel. Sie verhindert das nochmalige Umlegen des Signalhebels, auch wenn dieser nicht so weit zurückgelegt wurde, dass die Wiederholungssperre wirken konnte.

Wiederholungssperre: Einrichtung, die verhindert, dass ein Ausfahr- oder Blocksignal erneut auf Fahrt gestellt wird, solange der zuvor aus- oder vorbeigefahrene Zug nicht vorgeblockt und wieder zurückgeblockt wurde.

Zugeinwirkungsstelle: Einrichtung, die das Funktionieren oder Bedienen einer Sicherungsanlage vom Befahren eines Gleisschaltmittels abhängig macht. Zum Beispiel kann das Bedienen des Fahrstraßenauflösefeldes oder des Endfeldes beim Streckenblock davon abhängig gemacht werden, dass ein Zug die Zugeinwirkungsstelle befuhr und dadurch eine elektrische Tastensperre freigab. Erst dann lässt sich die entsprechende Blocktaste niederdrücken.

Gerade nach Unfällen infolge »menschlichen Versagens«[1] wurden die Sicherungsanlagen verbessert. Die bereits im Kapitel 1 genannte Signalabhängigkeit ist ein exemplarisches Beispiel dafür, dass sich die Eisenbahningenieure nicht ausschließlich auf das Verhalten und die Reaktion der Menschen verließen. Aber zwei häufige Vorgänge im Stellwerk konnte die mechanische Technik nicht vom Menschen unabhängig machen: die Fahrwegprüfung und im Rangierdienst das Umstellen der Weichen. Dazu war – und ist – das verantwortungsbewusste Verhalten des Personals notwendig. Die Vorschriften verlangten und ver-

1 siehe auch Preuß, Erich: »Eisenbahnunfälle in Europa«, Berlin 1995 und Preuß, Erich: »Tragischer Irrtum«, Berlin 1993.

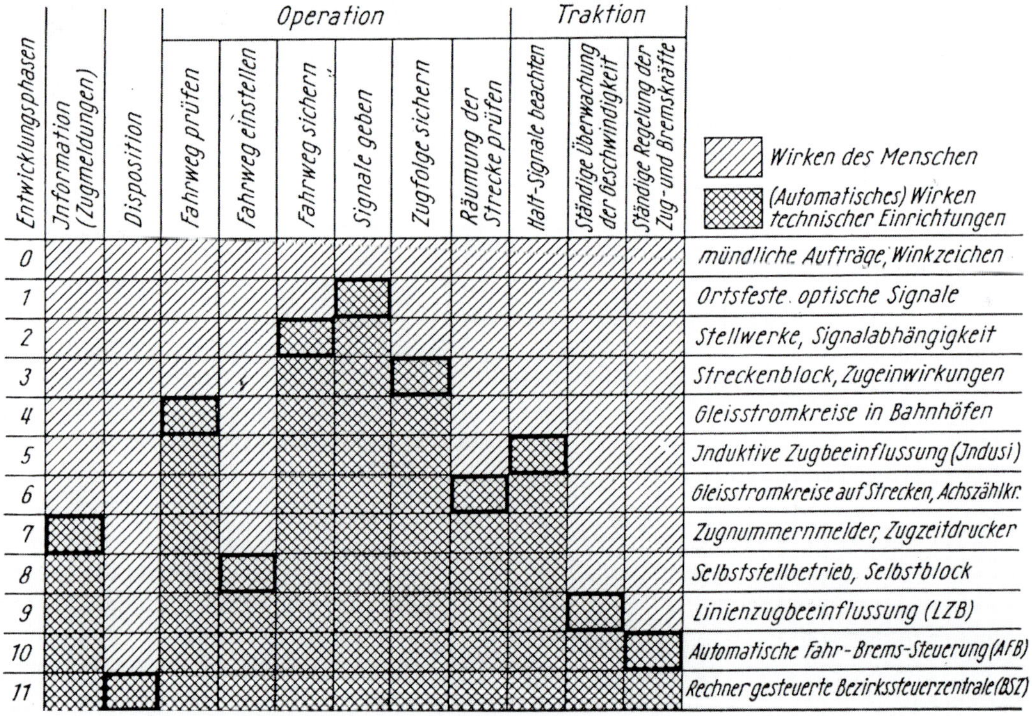

Hans Pottgießers Aufstellung der Entwicklungsphasen des Eisenbahnsignalwesens bei der Deutschen Bundesbahn: Die Technik bis zur Phase 8 war 1972 bei neuen Anlagen bereits Standard. Die Phasen 9 und 10 befanden sich in der praktische Erprobung. Die Phase 10 begann etwa 1990. Abbildung aus: Eisenbahntechnische Rundschau 11/1972

langen, dass unmittelbar vor dem Zulassen einer Zugfahrt das Freisein der Gleise in der Regel durch Augenschein – neue Formulierung bei der Deutschen Bahn: »durch Hinsehen«! – zu prüfen ist. 1871 hieß es in den Technischen Vereinbarungen des Vereins Deutscher Eisenbahn-Verwaltungen: *»Vor der Abfahrt sowie vor der Ankunft eines Zuges ist genau nachzusehen, ob die Bahnstränge, welche derselbe zu durchlaufen hat, frei und ob die betreffenden Weichen richtig gestellt sind.«*

Das Gleisbild- bzw. Drucktastenstellwerk mit den voll isolierten Gleisanlagen machte diese Fahrwegprüfung überflüssig, was schon wegen der Zentralisierung der Stellwerksanlagen notwendig war. Die Bezirke wurden so groß, dass Fahrdienstleiter oder Wärter sie durch Augenschein nicht mehr übersehen können.

Auf dem Gleisbildtisch oder -pult wird ein besetzter Gleisabschnitt rot ausgeleuchtet. Die Relaistechnik lässt dann nicht zu, dass der Fahrweg elektrisch gesichert und das Signal auf Fahrt gestellt wird. Auch die Weichen lassen sich nicht mehr unzeitig, also unter dem bewegten Fahrzeug, stellen, wie die Einrichtung von Rangierfahrstraßen auch gegen Flankenfahrten Schutz bietet. Insofern bedeutet die Gleisbildtechnik eine neue Sicherheitsqualität. 1949, als die Deutsche Bundesbahn vier Gleisbildstellwerke besaß, verzeichnete die Unfallstatistik 210 Ereignisse infolge »Fehlern des Stellwerkspersonals«, 1971 gab es nur noch 55 Ereignisse, die diese Ursache hatten.

Die Gleisbildtechnik konnte die Rangierunfälle aber nicht völlig vermeiden, weil im Gegensatz zu Zugfahrten Rangierabteilungen auch handgebremst und außerdem in von Wagen besetzte Gleisen fahren. Trotzdem verzeichneten alle Bahnhöfe mit Gleisbildtechnik einen erheblichen Rückgang der Rangierunfälle, der Zugunfälle sowieso. Zahlen wurden leider nicht bekannt.

Herr Pottgießer, ein früherer Sicherheitsexperte der Deutsche Bundesbahn, setzte sich 1972 kritisch mit den Vorteilen der Gleisbildstellwerke auseinander – in einer Offenheit, die man bei der Deutschen Bahn gar nicht mehr kennt. Er verglich die Zahl der Störungen von zehn mechanischen Stellwerken mit 81 Eisenbahnern des Bahnhofs Fürth (Bay) Hbf mit denen des neuen Drucktastenstellwerks mit 15 Eisenbahnern. Von diesem Zentralstellwerk aus wurden die Signalanlagen von Fürth bedient und drei weitere Bahnhöfe ferngestellt sowie die eines Bahnhofs ferngesteuert. Traten bei der alten Technik in zwei Monaten 28 Störungen auf, so waren es bei der Gleisbildtechnik 217! 80 Prozent der Störungen betrafen die Achszählkreise, die die Besetzung der Gleise in Bahnhöfen und Strecken überwachten. Zunächst wurden dafür Gleisstromkreise verwendet. Man bevorzugte dann jedoch die Achszähleinrichtungen, weil sich herausgestellt hatte, dass das Motorrelais des Gleisstromkreises durch die Grundschwingung, die Oberwellen hoher Fahrströme thyristorgesteuerter Lokomotiven beeinflusst werden konnte, wodurch eine betriebsgefährdende Freimeldung oder die Besetztanzeige eines vorausliegenden freien Abschnitts bewirkt wurde. Bei der Deutsche Reichsbahn kam es wegen dieser Störungen zum Heizverbot für die Dieselloks der Baureihe 132 (heute: BR 232), weil deren Generator ebenfalls die Relais der Gleisbildstellwerke beeinflusste. Gemäß dem Verzeichnis der vorübergehend eingerichteten Langsamfahrstellen und sonstigen betrieblichen Besonderheiten (La) hatte der Lokomotivführer auf bestimmten Abschnitten die Zugheizung abzuschalten. Die Bundesbahn tauschte um 1977 die als Zählpunkte bei Achszählanlagen eingebauten magnetischen Schienenkontakte gegen rund 3500 elektronische Impulsgeber aus – Kosten rund 14 Millionen Mark!

Pottgießer bemerkte, dass die Meinungen der Fachleute auseinander gehen, ob die Störanfälligkeit der »modernen Stellwerkstechnik« als sehr gering oder vereinzelt einzuschätzen sei. Störungen bedeuten in aller Regel, dass der Zugverkehr behindert wird, weil Gleise oder Bahnhofsteile nicht benutzt werden können oder weil die Fahrwege für die Züge behelfsmäßig gesichert werden müssen. Wie schnell es notwendig ist, auf die »Rückfallebene« zurückzugreifen, zeigt sich meist während der ersten Betriebstage elektronischer Stellwerke. Obwohl sie bereits im Werk getestet und abgenommen worden sind, kommt es zu schlimmen Pannen.

In der Zeit vom 11. bis 13. März 1995 wurde auf dem Bahnhof Hamburg-Altona das elektronische Stellwerk »Af« in Betrieb genommen, das 49 Stellen einsparte. Die Umschaltung von der bisherigen mechanischen und elektromechanischen Stellwerkstechnik auf das neue Stellwerk war seit Juni 1994 vorbereitet worden. Der Zugverkehr wurde zum Zeitpunkt der Umschaltung während dreier Tage von Hamburg-Altona abgelenkt. Die ICE, EC, IC, IR, D- und Eilzüge begannen und endeten in Hamburg Hbf, Fernzüge vom Süden und Westen nach Norden hielten außerplanmäßig in Pinneberg, Regional- und Eilzüge von und nach Husum bzw. Kiel begannen oder endeten ebenfalls in Pinneberg. Dieser vorsorgliche Fahrplan erwies sich bald als »Notplan«, denn nach zwölf Stunden normalen Betriebs schaltete sich das 63 Millionen Mark teure Stellwerk *»ohne ersichtlichen Grund«* ab.

Diese an die Medien gegebene erste Mitteilung wurde ein paar Tage später, als das Stellwerk immer noch nicht klaglos funktionierte, relativiert. Jetzt waren die komplizierten Bahnhofsanlagen, die Technologie des Bahnhofs Hamburg-Altona und die ungenügende Beherrschung des Stellwerks durch die fünf Fahrdienstleiter schuld. *»So reiche das Know-how der Stellwerker zur Bewältigung normalen Betriebes zwar aus; im*

Bahnalltag aber häufig auftauchende Störungen wie eine defekte Weiche oder ein liegengebliebener Zug bringen die Fahrdienstleiter im neuen Stellwerk Altona ins Schwitzen. Sie müssen erst lernen, wie – außerplanmäßig – eine defekte Weiche umfahren wird oder rasch eine Ersatzlok zu beschaffen ist.« Schließlich ein Blick in das Milieu des Autoverkehrs: *»Ein Stau auf den Gleisen ist weit schwieriger abzubauen als auf Straßen«*, schrieb dpa-Korrespondent Sven Bardua am 29. März 1995 nach dem Gespräch mit einem Pressesprecher der Bahn. Wie simpel und unzulänglich Eisenbahnbetrieb sein kann, wenn er nur »richtig« erklärt wird! Überhaupt ist es üblich geworden, neue Technik im Normalbetrieb zu testen und den Fahrgästen die Unzulänglichkeiten zuzumuten.

Nach fast drei Tagen Suche an der Testanlage des Braunschweiger Werkes fanden die Techniker des Herstellers Siemens die Ursache: einen verdeckten Fehler im Computerprogramm. Zwei falsche Ziffern im Computerprogramm bewirkten, dass bei mehreren Stellbefehlen für die 160 Weichen, 250 Signale und 200 Gleisstromkreise der Arbeitsspeicher im PC-Prozessor vom Typ Intel 80486 erschöpft war. Es sei reiner Zufall gewesen, dass der Programmfehler nach zwölfstündigem Betrieb des neuen Stellwerks auftauchte, hatte ein Siemens-Sprecher erklärt, der Fehler hätte auch über Wochen verborgen bleiben können.

Weiter erfuhr die Öffentlichkeit, der Speicher des Computers sei bei der Programmierung nicht vorhergesehener Arbeitsabläufe im Stellwerk überlastet worden. Deshalb habe sich das System programmgemäß abgeschaltet. Die Parallelen zu anderen Stellwerken, die unmittelbar nach der Inbetriebnahme oder später immer wieder infolge Software- oder Bedienungsfehlern ausfallen und den regelmäßigen Zugbetrieb beeinträchtigen, sind unverkennbar: Berlin-Rummelsburg, Berlin-Wannsee, Elmshorn, Hannover Hbf.

Solche Totalausfälle sind selbst bei überalterten mechanischen Stellwerken undenkbar. Etwas funktioniert immer. *»Das neue Stellwerk funktioniert«*, sagte ein Sprecher der Deutschen Bahn in Hamburg, *»es gibt nur keinen Menschen, der diese komplizierte Technik auf Anhieb bedienen kann.«* Und weil die deutsche Sprache genauso schwierig ist, fügte der Sprecher hinzu: *»Der derzeitige 'learnig-by-doing-Zustand' wird sich noch einige Wochen hinziehen.«*[2] Am 28. März 1995 musste in Hamburg-Altona der Notplan erneut in Kraft treten und blieb es bis zum Fahrplanwechsel am 27. Mai 1995.

Während bei Störungen auf herkömmlichen Stellwerken die Technik nur eingeschränkt zur Verfügung steht und die Sicherheit im Zugverkehr wieder in die Hand des Fahrdienstleiters oder Wärters gelegt werden muss, hilft beim Totalausfall des elektronischen Stellwerks auch die »Rückfallebene Mensch« nichts. Mit Hochdruck muss der Fehler gesucht werden. So dramatisch die Auswirkungen auf den Zugbetrieb auch sein können, zu betriebsgefährlichen Zuständen kommt es nicht.

Je höher die Technik entwickelt wird, desto größer wird das Risiko, dass große Bahnanlagen ausfallen, werden doch immer mehr Anlagen von immer weniger Stellen gesteuert. Allerdings war es den Bedienern des Stellwerks in Hamburg-Altona nicht möglich, sich die Störung zu erklären. Das konnte nicht einmal der Hersteller sofort. Bislang galt der Grundsatz, dass auch beim Mensch-Maschine-System Stellwerk die Vorgänge im Stellwerk für den Bediener durchschaubar bleiben sollten, *»damit er die Funktion der von ihm zu bedienenden Apparate erkennen und die Wirkung seiner Handlungen – vor allem auch des Gebrauchs von Hilfstasten – jederzeit richtig einschätzen kann«*, wie Pottgießer schrieb. Das ist schon deshalb wichtig, damit der Bediener bei einer scheinbaren Störung nicht die falschen Schlüsse zieht.

2 Die Deutsche Bahn verteilte am 24. März auf dem Bahnhof Hamburg-Altona zwischen 6 Uhr und 9 Uhr kostenlose Partybrötchen, um sich gemeinsam mit der Siemens AG für die Geduld der Fahrgäste während des Stellwerkausfalls zu bedanken.

Im Mai 1993 kam es im Gleisstromkreis des Stellwerks Eilsleben zum Kurzschluss, gerade als sich der EC 48 Berlin–Brüssel dem Bahnhof Eilsleben näherte. Dieser Kurzschluss bedeutete für die Sicherungsanlagen: das Gleis ist besetzt. Das kann bei allen Stellwerksbauarten auftreten und steht in keinem Zusammenhang mit dem elektronischen Stellwerk. Hier fiel das Einfahrsignal sofort auf »Halt«. Der Lokomotivführer bemerkte wenige Meter vor dem Signal noch die Verwandlung des Signalbildes und leitete die Schnellbremsung ein, musste er doch eine Gefahr annehmen. Der Grund des Kurzschlusses? Bei Schweißarbeiten an den Gleisen hatten die Arbeiter versehentlich die Erdung überbrückt und dadurch einen Zustand geschaffen, als sei das Gleis von Fahrzeugen besetzt. Das Stellwerk bzw. dessen Computer reagierte zur sicheren Seite hin. Wirkliche Gefahr für den EuroCity bestand zu keiner Zeit, lediglich der Betriebsablauf wurde behindert. Der Fahrdienstleiter erkannte die Ursache und forderte die Gleisarbeiter zur Beendigung ihrer Arbeit in dieser Form auf.

Einige Angestellte der Bahn scheinen dem Grundsatz, dass jede Störung sich zur sicheren Seite hin auswirken muss, nicht zu trauen. Die Öffentlichkeit soll nichts darüber erfahren; Journalisten werden mit Gemeinplätzen abgespeist. Auch soll die neue Stellwerkstechnik keinen Deut bezweifelt werden. In dem Bericht »Herren über den Ost-West-Schlauch« – wohlgemerkt in der Mitarbeiterzeitung! – durfte auf Anweisung von Entscheidungsträgern der Bundesbahn-Zentrale in Frankfurt (Main) – Eilsleben lag zu dieser Zeit im Streckennetz der Reichsbahn! – nichts über diesen Vorfall bekannt werden. Die Passage, die gerade die Funktionstüchtigkeit des elektronischen Stellwerks beweist, wurde gestrichen.[3] Lieber polemisierte man über die altersschwachen Stellwerke aus »Kaisers Zeiten«.

Das gleichsam automatisch ablaufende System von Gleisbildtechnik und zugbedientem Selbstblock verführt dazu, Störungen auch dann anzunehmen, wenn gar keine vorliegt. Am 5. Dezember 1991 kam zwischen Plettenberg und Werdohl der Zug 55926 zum Halten, weil sich eine Wagengruppe vom Zug getrennt hatte. Der Fahrdienstleiter in Plettenberg wollte den folgenden Zug 52042 in den Streckenabschnitt einlassen. Das Ausfahrsignal ließ sich nicht auf Fahrt stellen, schließlich war das Gleis besetzt und auf dem Gleisbildtisch der Selbstblockabschnitt rot ausgeleuchtet! Nicht an das Naheliegende dachte der Fahrdienstleiter, sondern an eine Störung. Er beauftragte – wie es auch vorgeschrieben ist – den Fahrdienstleiter des vorgelegenen Bahnhofs Werdohl, auf die Schlusssignale des Zuges 55926 zu achten und ihm zu melden, ob der Zug die Strecke geräumt habe. War das der Fall, konnte er in Plettenberg davon ausgehen, dass auch der rot ausgeleuchtete und demnach besetzt gemeldete Abschnitt geräumt ist. Der Werdohler Fahrdienstleiter sah etwas von einem Schlusssignal – tatsächlich war es der Farbklecks an einem Güterwagen! – und meldete, der Zug habe die Strecke geräumt. Daraufhin bediente der Plettenberger Fahrdienstleiter eine Hilfstaste, womit die vermeintliche Störung beseitigt wurde. Das Ausfahrsignal konnte auf Fahrt gestellt werden. Der Zug stieß mit der Wagengruppe zusammen.

Die Zentralisierung der Stellwerke bis hin zur Betriebszentrale führt dazu, dass der Mensch – ob Zuglenker oder örtlich zuständiger Fahrdienstleiter – gleichzeitig eine Vielzahl von Zug- und Rangierfahrten überwacht, Vorgänge, die zwar weitgehend automatisch ablaufen, aber zumindest auf Monitoren beobachtet werden müssen. Stell- und Meldetafeln in Zentralstellwerken nahmen bei der Gleisbildtechnik derartige Dimensionen an, dass der Operateur – also der Fahrdienstleiter – an der Grenze der Wahrnehmungs- und Verarbeitungsfähigkeit anlangte.

Durch die von den Monitoren und Bahnhofslupen angezeigten Betriebsvorgänge in den elektronischen Stellwerken und Betriebszentralen entfremdet sich der Eisenbahner immer weiter vom Eisenbahnbetrieb »draußen«.

3 WIR/Fahrt frei 6/1993, Frankfurt (Main)

Eine weitere Gefahr birgt die neueste Sicherungstechnik, nämlich die, dass nur noch oberflächlich ausgebildete Spezialisten den Eisenbahnbetrieb lenken. Die Wärter der mechanischen Stellwerke kamen in aller Regel aus dem Rangierdienst. Rangierleiter oder -meister, die die örtlichen Verhältnisse eines Bahnhofs oder Bahnhofsteils und die Betriebsabläufe genau kannten, wurden zuerst einem Stellwerk mit einfachen Verhältnissen zugewiesen. Fühlten sie sich dort sicher, waren sie also in ihre Aufgaben hineingewachsen bzw. routiniert, konnte man sie auf einem stärker belasteten Stellwerk ausbilden. Mit der Zeit wuchsen sie in den Betriebsablauf eines Bahnhofs hinein. Schließlich wurden gute Wärter nach einer Lehrgangsausbildung Fahrdienstleiter hierzu geprüft und erhielten eine örtliche Einweisung auf dem Einsatzstellwerk bzw. Bahnhof.

Je mehr der Rangierdienst konzentriert und automatisiert wurde, je mehr die Stellwerke zentralisiert werden, desto seltener werden Fahrdienstleiter tätig, die die örtlichen Verhältnisse genauestens kennen und ein Gefühl für die Betriebsabläufe in ihrem Bereich besitzen. Die Betriebszentrale nimmt dem Menschen weitgehend die dispositiven Aufgaben ab und überlässt die Regelung der Zugfolge dem Rechner, sie benötigt nicht mehr die praktische Kenntnisse der Bediener vom Eisenbahnbetrieb.

Ob der künftig allein am Monitor ausgebildete Eisenbahner im Störungsfall rasch und überlegt Maßnahmen trifft, die zweckmäßig und sicher sind, bezweifeln viele Praktiker. Vorfälle, dass bei Störungen die Fahrgäste stundenlang in den Zügen festsaßen, kennt die Deutsche Bahn zu Genüge. Dass die Umstellung der Eisenbahner auf die zentralisierte Leittechnik nicht gravierendere Folgen hat, ist vermutlich den durchlaufenden Reisezügen und dem weitgehenden Verzicht auf den örtlichen Güterverkehr zu danken.

Zur Modernisierung der Sicherungstechnik gibt es keine Alternative, aber bei aller Ehrfurcht vor der Elektronik sollte nicht vergessen werden, dass im Störungsfall der Mensch allein die Verantwortung für die Sicherheit des Eisenbahnbetriebes trägt.

6. Relais und Spurplan: Das Gleisbildstellwerk

Das Gleisbildstellwerk wird auch elektrisches Stellwerk, Relaisstellwerk oder Drucktastenstellwerk genannt. Der Begriff »Drucktastenstellwerk« bürgerte sich bei der Deutschen Bundesbahn nach 1968 ein, weil auf diesen Stellwerken keine Zugtasten mehr bedient wurden. Der Begriff Gleisbildstellwerk geht auf die Bedienungs- und Meldeeinrichtung in Form des Gleisbildtisches zurück, auf dem die Gleisanlagen nachgebildet sind.

Die Bedienungstasten sowie die farbigen Ausleuchtungen als Stand- oder Blinklicht zeigen das Frei- oder Besetztsein der Gleise und Weichen, die Stellung der Signale, Weichen und Gleissperren, die eingestellten und festgelegten Fahrstraßen sowie die Stellung des Streckenblocks an.

Gleisbildstellwerk mit Zugtasten auf dem Bahnhof Königs Wusterhausen (1968). Deshalb konnte es bei der Reichsbahn nie Drucktastenstellwerk genannt werden. Foto: ZBDR

■ 1957 wurde auf dem Bahnhof Ems das Gleisbildstellwerk in Betrieb genommen (1958). Da die Tasten gedrückt werden, bürgerte sich nach 1968 bei der Bundesbahn für diese Relaisstellwerke der Begriff »Drucktastenstellwerk« ein.
Foto: Rotthowe

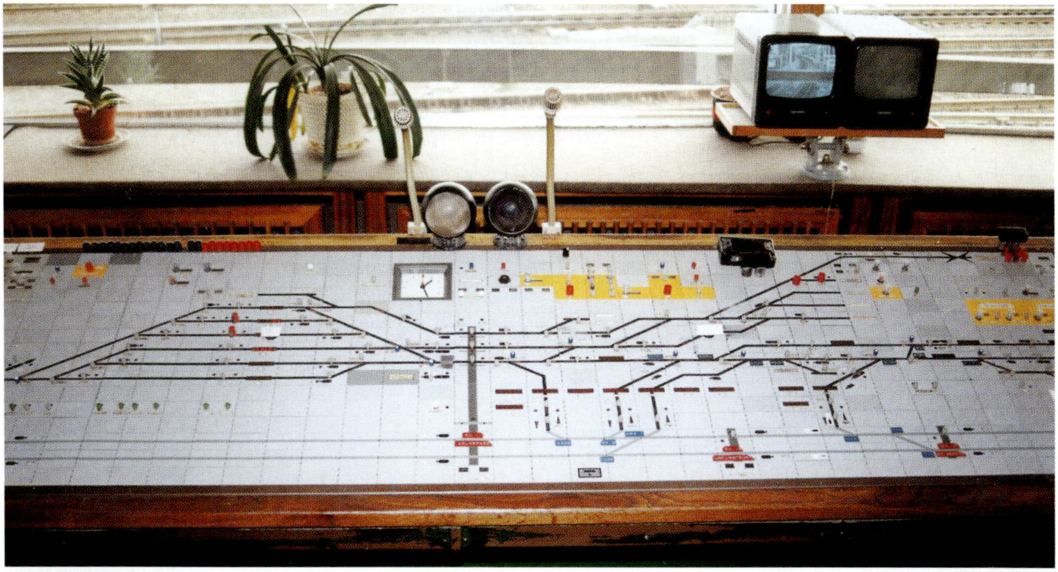

Das Stellwerk »Vf« in Vochem wurde mehrmals umgebaut, aber der Stelltisch blieb original von 1952. Ist er der älteste in Deutschland? Foto: Wiesmüller

Bei dieser Stellwerksbauform sind mechanische Abhängkeiten nicht möglich. Die Umstellvorgänge der Elemente der Außenanlage, alle Verschlüsse und Ausschlüsse, die Abhängigkeiten zwischen den Stellwerken des Bahnhofs, der freien Strecke oder zu Nachbarbahnhöfen werden mit elektrischen Stromkreisen, mit Relais, ausgeführt, die man ursprünglich als Magnetschalter bezeichnete. Alsbald wurde dieser Begriff zugunsten des in der Elektrotechnik üblichen Relais aufgegeben.

Zu den Innenanlagen mit den Bedien- und Anzeigeeinrichtungen gehört eine Relais- und Stromversorgungsanlage, zur Außenanlage die Stell- und Überwachungseinrichtungen an den Weichen, die Signale, Gleisfreimeldeanlagen, Zugeinwirkungsstellen und die Kabel. Der Bediener des Gleisbildstellwerks sollte eine gut überschaubare, leicht zu bedienende Einrichtung zur Verfügung haben.

Ältere Anlagen haben auf dem Gleisbildtisch Zugtasten, neuere Drucktasten. Außerdem gibt es Zug- und Drucktasten, die in der herausgezogenen Stellung nicht von selbst in die Grundstellung zurückkehren, sondern wieder hineingedrückt werden müssen. Bei neueren Gleisbildstellwerken ist es ein Prinzip – um ungewollte Bedienungen zu verhindern –, dass gleichzeitig zwei Tasten gedrückt werden müssen. Zum Beispiel werden beim GS II DR, wenn eine Weiche umgestellt werden soll, die Weichengruppen- und die der Weiche zugeordnete Weichentaste gedrückt. Wird nur eine Taste bedient, bleibt die Wirkung aus.

Der Weichenselbstlauf stellte eine wesentliche Erleichterung gegenüber bisherigen Stellwerksbauarten dar. Musste sonst, bevor der Fahrstraßenhebel umgelegt werden konnte, jede falsch stehende Weiche in die richtige Stellung gebracht werden, so werden beim modernen Gleisbildstellwerk mit der Bedienung von Start- und Zieltaste alle für eine Fahrstraße benötigten, falsch stehenden Weichen automatisch angesteuert. Sie laufen in die richtige Stellung um. Auch die bis dahin gelb blinkende Fahrstraße wird automatisch verschlos-

Bauformen elektrischer Stellwerke

Bauform	DB, DR	Bemerkungen
Dr I[1]	DB	
Dr S	DB	einschließlich S 1, S 3 [2] und S 0
Dr S 2	DB	
Dr III	DB	einschließlich III 0
Dr L	DB	einschließlich L 2
E Dr	DB	1, 2 B, 2 U, 2 UF
Elsima	DR	Bauform 0
GS I	DR	
GS II	DR	
GS II Sp 64 b	DR	
GS III Sp 68	DR	
GS III 8030	DR	
GS II a 68	DR	
MC L 84	DB	Modular-Compact-Stellwerk von Lorenz
MC L 84 N	DB	
SiG L-90-Technik	DB, AKN	
SpDr S 59	DB	20 W oder 30 W
SpDr S 60	DB	
SpDr L 30	DB	einschließlich L 20
SpDr L 60	DB	
SpDr S 600	DB	

1 Die Deutsche Bundesbahn verwendete nur Großbuchstaben als Abkürzung für Drucktastenstellwerk bzw. Spurplanstellwerk. Orthographisch korrekt und schlüssig ist die bis nach 1961 angewendete Schreibweise, schon um Verwechslungen mit dem Kürzel DR für Deutsche Reichsbahn zu vermeiden.

sen; im Gleisbild leuchten Gleis und Weichen der Fahrstraße dann mit gelbem Standlicht.

Den größten Fortschritt für die Sicherheit der Eisenbahn brachte das Gleisbildstellwerk mit den Gleisfreimeldeeinrichtungen, die ständig und automatisch den Frei- oder Besetztzustand der Gleise und Weichen feststellen und dies durch farbige Ausleuchtung im Gleisbild anzeigen. Das war auch die Voraussetzung, Zentralstellwerke bauen zu können. Der Fahrdienstleiter oder Wärter ist, wenn die Anlage funktioniert, von der Prüfung des Fahrwegs durch Augenschein[1] befreit, was nicht allein der menschlichen Bequemlichkeit entgegenkommt und Beobachtungsfehler ausschließt, sondern vor allem bei Wetter mit schlechten Sichtverhältnissen eine große Hilfe hinsichtlich der Sicherheit des Zugverkehrs ist. Das gilt auch für den Rangierdienst, denn es ist nicht mehr möglich, eine Weiche zur Unzeit, also unter dem rollenden Fahrzeug zu stellen.

Bezirke der Gleisbildstellwerke sind nicht mehr an eine »optische Sichtgrenze« gebunden. Lediglich Energieverluste bei der Starkstromübertragung zu den Weichen und Signalen begrenzen den Bezirk. Man rechnete mit Stellentfernungen bis zu 6,5 km. Abgesehen von der größeren Sicherheit, die das Gleisbildstellwerk bietet, ist es doch in erster Linie entwickelt worden, um den Eisenbahnbetrieb zu rationalisieren. Die Zwi-

1 Die Deutsche Bahn ersetzte den geläufigen Terminus »Fahrwegprüfung durch Augenschein« durch »Fahrwegprüfung durch Hinsehen«.

schenstufe zwischen mechanischen und Gleisbildstellwerken, das elektromechanische Stellwerk, erleichtert zwar die körperliche Arbeit der Bediener, sodass Frauen und – was nach dem Ersten und Zweiten Weltkrieg sehr wichtig war – sogar Armamputierte eingesetzt werden konnten, aber für die Fahrwegprüfung musste der Wärter seinen Bezirk noch übersehen können. Bestand die Gefahr, dass der Wärter durch die Vielzahl von Stellhandlungen überfordert wurde, war der Bezirk zu groß gewählt. Entweder mussten weitere Stellwerke vorgesehen oder mehrere Wärter auf einem Stellwerk eingesetzt und dafür die Hebelplätze aufgeteilt werden. Das Gleisbildstellwerk ermöglicht es, die Betriebsführung immer weiter zu automatisieren und zu zentralisieren. Meist genügte für einen Bahnhof ein so genanntes Zentralstellwerk.

Allerdings reicht es nicht aus, nur ein Stellwerk zu bauen und die Innenanlagen zu installieren. Vorher mussten die Formsignale durch Lichtsignale ersetzt, der Oberbau isoliert und Selbstblockanlagen geschaffen werden. Die S-Bahnen in Berlin und in Hamburg mit ihrer dichten Zugfolge waren auf diesem Gebiet Vorreiter bzw. sie förderten die technische Entwicklung hinsichtlich der Automatisierung der Signal- und Stellwerkstechnik.

Den Keim zur Gleisbildtechnik legte Carl Frischen, der 1870 ein selbsttätiges Blocksystem ersann. Der 1872 von Robinson erfundene Gleisstromkreis war eine Möglichkeit, den Frei- oder Besetztzustand der Gleise technisch zu prüfen. Als der Selbstblock bei den Berliner und Hamburger S- sowie U-Bahnen bereits streckenweise eingeführt worden war, hatte die Deutsche Reichsbahn noch Bedenken, ihn auch auf Ferngleisen anzuwenden. Vor allem scheute sie, den Oberbau isolierfähig zu machen und bei Störungen das permissive Fahren zuzulassen[2].

1934 wurde der erste Fernbahn-Selbstblock im Raum Dortmund eingeführt, und im Jahr darauf begannen bei Siemens die Entwicklungsarbeiten am Gleisbildstellwerk. Mülheim (Ruhr)-Speldorf bekam ein elektrisches Stellwerk mit durch Sperrmagnete verschließbaren Weichen-, Fahrstraßen- und Signalhebeln und einem elektrischen Verschlussregister. 1937 stellten die VES das Versuchsmuster eines so genannten Patronenstellwerks auf. Die Bezeichnung rührte von den auswechselbaren Bausteinen im Stelltisch her, die Patronen ähnlich waren. Auf der schräg gestellten Tischfläche waren sämtliche Gleise durch 1 x 1 cm starke Aluminiumleisten nachgebildet. Die Weichen besaßen einen schwenkbaren Schenkel aus dem gleichen Material, der zugleich Bedienhebel für den darunter liegenden Schalter war. Der Schenkel zeigte jeweils die befahrbare Richtung an. Zwar zeugte dies davon, wie stark die Stellwerkshersteller noch von der Mechanik beeinflusst waren, aber bei den Abhängigkeiten, Verschlüssen und Ausschlüssen, die mit besonderen Stromkreisen und über die Kontakte der Relais erreicht wurden, hatte man sich endgültig der Elektrotechnik zugewendet.

1940 baute die Firma Pintsch das bei der DR als K 44 bezeichnete Gleisbildstellwerk in Berlin-Hermsdorf auf, zwischen 1942 und 1944 erhielt auch Birkenwerder (b Berlin) ein solches von der

2 Der Lokomotivführer durfte unter bestimmten Voraussetzungen am haltzeigenden Signal vorbeifahren, ohne von einem Fahrdienstleiter ausdrücklich dazu beauftragt worden zu sein. Dieses Verfahren war auf dichtbelegten Selbstblockstrecken notwendig, weil beim Halt eines Zuges wegen eines haltzeigenden Signals der Streckenfahrdienstleiter nicht über den Standort des Zuges informiert war und ihm auch nicht zugemutet werden konnte, bei Signalstörungen jeden Zug mit schriftlichem Befehl zur Weiterfahrt zu beauftragen. Bei der Deutschen Reichsbahn musste das Verfahren des permissiven Fahrens auf Fernstrecken am 1. Januar 1993 aufgehoben werden. Bei der Deutschen Bundesbahn wurden über ein besonderes Leitungspaar im Streckenkabel zwischen jedem Signal und dem rückwärtigen Bahnhof Betriebs- und Störzustände der Streckensignale gemeldet. Über das gleiche Leitungspaar konnte der Fahrdienstleiter dem Zug das Ersatzsignal zur Vorbeifahrt am haltzeigenden Signal geben.

VES, dessen Stelltisch mit von Hand verstellbaren und elektromagnetisch steuer- und fixierbaren Hebel und Tasten ausgerüstet war. Dieses Stellwerk war nur für den S-Bahn-Betrieb bestimmt, wurde jedoch nicht fertig gestellt.

Zu dieser Zeit hatte übrigens, ganz unbeeindruckt von den Kriegsereignissen, die Montage des Fernbahnselbstblocks auf der Strecke Blankenheim–Sangerhausen–Nordhausen begonnen, wurde dann aber nicht fertig.

Nach 1945 beschritt die deutsche Stellwerkstechnik getrennte Wege. Die Grundsätze blieben aber die gleichen, jedoch bei der Deutschen Bundesbahn und noch mehr bei den Werk- und Anschlussbahnen erlebte die Entwicklung eine ganz andere Dynamik als bei der Deutschen Reichsbahn, die an moderner Signal- und Sicherungstechnik nur das einsetzen konnte, was für sie über die Exportaufträge des einzigen Herstellers hinaus bilanziert worden war. Während im Westen mit VES, Siemens & Halske, C. Lorenz, Scheidt & Bachmann verschiedene Anbieter auftraten und dies sich auch in den Kürzeln für den jeweiligen Stellwerkstyp niederschlug, lieferte allein das Werk für Signal- und Sicherungstechnik Berlin (WSSB) der DR Gleisbildstellwerke, abgesehen von den EZMG-Stellwerken sowjetischer Produktion. Dementsprechend war auch der zeitliche Rückstand.

Bereits am 12. Oktober 1948 ging für die Abzweigstelle »Dp« in Düsseldorf-Derendorf als Weiterentwicklung des K 44 das erste Gleisbildstellwerk der Bundesbahn in Betrieb, gebaut von den VES. 1950 folgten fünf weitere der VES, als Dr-I-Stellwerke bezeichnet. Bei ihnen wurde die Fahrstraße mit Start- und Zieltaste gewählt. An Stelle des früher gewohnten mechanischen Verschlussregisters wurden alle Abhängigkeiten durch Relais ersetzt und die übrigen Einrichtungen ebenfalls durch Relais gesteuert.

1950 bis 1958 lieferte das WSSB an die Reichsbahn die Gleisbildstellwerke der Bauform I (GS I DR), mitunter ohne selbsttätige Gleisfreimeldung, die vor allem auf der Strecke Berlin–Elsterwerda genutzt wurden[3]. Vorausgegangen waren die Versuchstypen in Königs Wusterhausen und in Wildau.

Im September 1951 wurde in München-Laim das erste Gleisbildstellwerk der Bundesbahn mit Signalrelais und mit standardisierten Teilfahrstraßen-Relaisgruppen von Siemens & Halske eingeschaltet, als Dr S bezeichnet[4]. Parallel dazu verlief die Entwicklung der Gleisfreimeldeanlagen mit magnetischen Achszählern. So wurden 1950 auf der dreigleisigen Strecke Ludwigsburg–Bietigheim eine Fernüberwachung und 1952 der Selbstblock eingeführt. 1951 war bei der Bundesbahn auf der stark belegten, 12,2 km langen Strecke Bebra–Cornberg die erste Fernsteueranlage mit Gleiswechselbetrieb[5] eröffnet worden. Der Zugbetrieb sollte flüssiger werden und auf das sonst notwendige Überholungsgleis verzichtet werden. Die Fernsteueranlage brachte allerdings nicht das erhoffte Ergebnis, weil die »fliegenden Überholungen« nur unter ganz bestimmten Bedingungen zustande kamen. Die Anlage nützte bereits dadurch, dass Kreuzungen und Überholungen vom stark benutzten Bahnhof Bebra auf die freie Strecke verlegt und die Bebraer Bahnhofsgleise zeitiger frei wurden.

1951 erhielt Köln die erste Großanlage eines Gleisbildstellwerks, und zu ihr gehörte die erste Zugnummernmeldeanlage bei der Bundesbahn. Die Zugnummern werden von Hand mit dem Zugnummerngeber in ein Kontrollfeld eingewählt. Dann beförderte der Bediener durch Tastendruck die Zugnummer in das gewünschte Tisch- oder Tafelfeld. In jedem Bahnhofs- und Streckengleisabschnitt erschien neben der roten Ausleuchtung (rot bedeutet: Gleis ist besetzt) die entsprechende Zugnummer. Diese Meldeanlage erleichterte die

3 Dabei unterschied der Hersteller GS I B für Industrie- und Grubenbahnen mit vereinfachten Schaltungen und GS I DR für die Deutsche Reichsbahn.

4 Siemens übergab das erste Dr-Stellwerk bereits im Mai 1951 in Luxemburg.

5 Zunächst wurde er Richtungswechselbetrieb genannt.

Bei großen Anlagen war es üblich, den Gleisplan als Wandbild auszugestalten. Stellwerk »Ofu« in Osnabrück Hbf (1997). Foto: Preuß

Arbeit des Fahrdienstleiters gerade im Zentralstellwerk, weil die unzähligen Ferngespräche entfielen, sie gab auch einen Überblick über die dem Bahnhof nahenden Züge. Dem Fahrdienstleiter konnte bei großen Anlagen – auch dem Wärter nicht, falls solch einer zugeordnet war – nicht zugemutet werden, im Gedächtnis zu behalten, auf welchem Gleis sich welcher Zug bewegt oder aufhält. Die Zugnummer wird entsprechend der Zugfahrt automatisch weiter geschaltet. Für die Züge, die sich in Richtung Zentralstellwerk bewegen, werden die Nummern von den Randbahnhöfen eingewählt und rücken, gesteuert von Gleis- und Fahrstraßenrelais, von Abschnitt zu Abschnitt weiter. Für große Eisenbahnknoten werden auf diese Weise auch Verspätungen vorgemeldet, sodass auch hierzu auf Meldungen über die Fernsprecher verzichtet werden kann. In Köln wurde 1954 auch der erste Zugzeitdrucker als »mechanisiertes Zugmeldebuch« eingeführt, um die Fahrdienstleiter von Zugmeldungen und anderen Aufschreibungen zu entlasten und die Zugmelder einzusparen.

Seit dem 11. August 1957 wurde der Eisenbahnknoten Frankfurt (Main) Hbf einschließlich 75 km Zulaufstrecken von einem Zentralstellwerk gesteuert, dem damals größten der Bundesbahn. Der damalige Stand der Technik lautete: Fernsteuerung für 22 Betriebsstellen, Zugnummernmeldung, Zugzeitdrucker, Störungsdrucker, Störungssprecher, Betriebsdrucker. Neu war die selbsttätige Zuglenkung mithilfe kodierter Zugnummern für den großen Bahnhof. Die Bundesbahn hatte sie bislang nur für kleinere Bahnhöfe zugelassen, befürchtete sie doch, auf großen Bahnhöfen könnte sich der automatische Zugzulauf als hinderlich erweisen, weil erfahrungsgemäß auf ihnen aus mannigfaltigen Gründen häufig von der Bahnhofsfahrordnung abgewichen werden muss.

Dieser Gefahr ging man aus dem Weg, indem die Kennung gesperrt bzw. der Zugnummer eine Null voran gesetzt wurde. Der Fahrdienstleiter konnte dann den Zuglauf einzeln steuern. Im Regelfall jedoch gaben die »Zulaufbahnhöfe« vor der Zugnummer einen Richtungsbuchstaben ein. Beim Beispiel Frankfurt (Main) Hbf erhielt die Nummer eines Zuges von Neu Isenburg zur Nordhalle den Buchstaben D. Befuhr der Zug die Einschaltstelle vor Forsthaus und Niederrad, lief eine entsprechende Meldung über die Fernsteuerung zum Zentralstellwerk, wo die Annäherungsmeldung und die Kennung D das zugehörige Relais ansprach, das über die Fernsteuerung die Fahrstraße ansteuerte.

Im elektronischen Stellwerk bzw. in der Betriebszentrale (siehe Kapitel 7) wird die Zugnummer zur Zuglenkung und zur Steuerung von Informationseinrichtungen genutzt.

Eine weitere Erleichterung, die die Gleisbildtechnik brachte, war der Speicherbetrieb, der vom Ablaufbetrieb für Zugfahrten übernommen worden ist. Der Fahrdienstleiter musste nicht zeitgebunden jede Fahrstraße einstellen, sondern konnte – je nach Kapazität des Speichers – mehrere Fahrten auf Vorrat eingeben. Die Aufträge durchliefen den Speicher, bis sie auf eine belegte Stufe stießen. War diese leer, wurde der Auftrag ausgeführt, und die folgenden Aufträge rückten eine Stufe weiter.

Die erwähnte Fernsteuerung im Abschnitt Bebra–Cornberg war nur ein Prolog. Am 13. Oktober 1952 ging auf der fast 100 km langen, zweigleisigen Strecke Regensburg–Nürnberg die erste Linien-Fernsteuerung in Betrieb. Sie war hauptsächlich gebaut worden, um auf dieser Strecke die signaltechnische Fernsteuerung zu erproben. Im Vordergrund stand nicht die Personaleinsparung. Die Einschaltung der 19 Dr-I-Stellwerke, der Anschluss der Bahnhöfe und Betriebsstellen – außer Feucht, Neumarkt und Parsberg – an die Fernsteuerzentrale nahe dem Nürnberger Hbf begann im Herbst 1951; drei Betriebsstufen waren vorgesehen: der Durchleit-, Fernstell- und für Rangierarbeiten der Ortsbetrieb.

Obwohl 1952 für derartig ausgedehnte Anlagen kaum Erfahrungen vorlagen, bewährte sich die Fernsteuerung so gut, dass sie zur Keimzelle für alle Fernsteuerungsanlagen bei der Bundesbahn und in der ganzen Welt wurde. Allerdings war der Einsparungseffekt mit angeblich 50 Eisenbahnern nicht so groß, wie das viele erwartet hatten. Zum einen hatten sich die Signalanlagen wesentlich vermehrt, und die Gleisfreimeldeanlage für 200 km seinerzeit nicht durchgehend verschweißter Gleise und Weichen erforderte einen großen Isolierungsaufwand. Zum anderen hätte man durch die Zentralisierung in Nürnberg Stellwerkspersonal einsparen können, aber auf fast sämtlichen Bahnhöfen und Haltepunkten fehlten die Außenbahnsteige und Bahnsteigunterführungen. Zur Sicherheit der Reisenden, die auf dem Weg zu den Bahnsteigen bei laufendem Zugbetrieb die Gleisanlagen überschritten, mussten die Bahnhöfe und Haltepunkte mit Eisenbahnern besetzt bleiben.

Erst in den folgenden Jahren wurde neben Verfeinerungen der Signal- und Fernmeldetechnik – zum Beispiel wurden 1957 Stördrucker aufgestellt – systematisch nachgeholt, was an äußeren Bedingungen für den effektiven Fernsteuerbetrieb notwendig war. So erhielten die Blockstellen Deuerling 1961 und Mausheim 1962, die Bahnhöfe Deining 1963, Batzhausen 1964, Etterzhausen 1969 und Seubersdorf 1976 Außenbahnsteige, Beratzhausen 1974 und Seubersdorf 1976 Bahnsteigunterführungen.

Erst im Oktober 1956 nahm die Bundesbahn die Fernsteuerung eines weiteren größeren Abschnitts zwischen Malsfeld und Treysa (einer zwischen den Strecken Bebra–Kassel und Gießen–Kassel gelegenen Nebenbahn, heute ohne Personenverkehr) auf 41 km Länge in Betrieb, wobei es sich um funkgesteuerte Stellwerke mit selbsttätigen Fahrortmeldungen handelte, und im September 1957 die erwähnten Anlagen im Raum

Auf dem Stelltisch in Brackwede sind blau die Güterzuggleise, rot die Reisezuggleise unterlegt (2000). Foto: Preuß

Frankfurt am Main. Zwischen 1966 und Ende 1968 kam die Fernsteuerung der »Vogelfluglinie« hinzu, der 85 km langen eingleisigen Hauptbahn Bad Schwartau–Puttgarden. Die kleineren Bahnhöfe erhielten den Stellwerkstyp Dr S 2, können aber von Großenbrode aus ferngesteuert werden, wo das Stellwerk SpDr S 59 steht. War bei einer zweigleisigen Strecke der Fernsteuerbetrieb verhältnismäßig einfach, musste auf der eingleisigen Vogelfluglinie hingenommen werden, dass sich die Linienfahrdienstleiter in Großenbrode für jeden Streckenabschnitt zwischen den 19 Bahnhöfen elektrisch die Erlaubnis erteilt hätten, und zwar immer dann, wenn zuletzt ein Zug in der Gegenrichtung gefahren war. Diese Bedingungen und das ständige Verfolgen mehrerer Züge hätte ihn überfordert. Deshalb führte die Bundesbahn hier den Selbststellbetrieb ein. Nähert sich ein Zug einem Signal, prüft das Stellwerk ohne Zutun des Fahrdienstleiters, ob der vorgelegene Blockabschnitt frei ist und die Erlaubnis in diese Richtung weist und stellt die Signale auf Fahrt.

Die Vogelfluglinie sollte, abgesehen von einer am 26. Mai 1970 in Betrieb genommenen vereinfachten Fernsteuerung der Biggetalbahn (Attendorn–) Kraghammer–Olpe, die letzte Fernsteuerstrecke bleiben, denn die Bundesbahn wollte nicht auf langen unbesetzten Streckenabschnitten Behinderungen des Zugverkehrs hinnehmen, wenn es zu Störungen der Anlagen kam. Ohnehin waren in verhältnismäßig kurzen Abständen größere Bahnhöfe vorhanden, die ohnehin besetzt sein mussten. Deshalb ging die Entwicklung zu Knoten- und Nachbarfernsteuerungen, bei denen von einem großen Bahnhof die umliegenden Bahnhöfe und Blockstellen mit bedient werden. Alle 30 km sollte es wenigstens einen besetzten Bahnhof geben – eine Auffassung, die sich fast 40

Jahre später vollständig wandelte, als die elektronischen Stellwerke ihre Betriebstauglichkeit bewiesen.

Mit Verspätung ging die Deutsche Reichsbahn in der DDR daran, Fernsteueranlagen einzusetzen, und zwar auf dem dicht belegten Südlichen Außenring von Berlin. Im Januar 1960 war die technische Erprobung der Streckensteueranlagen, die mit Relais arbeiteten, für die Sicherungsanlagen des Abschnitts Glasower Damm–Eichgestell abgeschlossen worden, und im Juni 1961 gingen sie in Betrieb. Sie blieben wie die Fernsteueranlage Halle (Salle) Hbf–Schkopau, die etwa zur selben Zeit gebaut worden war, ein Versuchsmuster[6]. Grünauer Kreuz war Sitz des Linienfahrdienstleiters, dem die ferngesteuerten Betriebsstellen Bahnhof Waßmannsdorf und Abzweigstelle Glasower Damm, die befehlsabhängigen Ausfahrten aus dem Bahnhof Eichgestell in Richtung Grünauer Kreuz und die ferngemeldeten Betriebsstellen Abzweig Grünauer Kreuz sowie Bahnhof Schönefeld (b Berlin) angeschlossen waren. Letztere übermittelten dem Linienfahrdienstleiter lediglich die Meldungen über festgelegte Fahrstraßen, auf Fahrt stehende Signale und Gleisbelegungen. Die Fahrdienstleiter hatten auch den Zweck, mit betrieblichen Maßnahmen schnell auf Störungen reagieren zu können.

Das Streckenzentralstellwerk besaß erstmals bei der Reichsbahn eine Meldetafel mit abgesetztem Bedienpult und eine Zugnummernanzeige für den Abschnitt Schönefeld–Glasower Damm–Rangsdorf bzw. Diedersdorf mithilfe von zu fünft im Gleisbild eingelassenen Kleinst-Kathodenstrahlröhren.

Rationalisierungseffekte wurden mit dieser Fernsteuerung nicht erreicht, denn sämtliche angeschlossenen Betriebsstellen blieben mit Fahrdienstleitern besetzt. Diese Dienstposten waren mit Gleisbildstellwerken der Bauform GS I DR ausgerüstet, bei denen für jeden Fahrweg die Weichen einzeln gestellt, die Fahrstraße festgelegt und anschließend das Signal auf Fahrt gestellt werden mussten.

Offiziell wurde dieser Versuchsbetrieb zwischen 1965 und 1966 eingestellt, 1978 war die Anlage abgebaut. Die nächste Fernsteuerung verwirklichte die Reichsbahn seit dem 28. April 1965 auf dem Betriebsbahnhofs Graustein, der von Spremberg Hbf aus bedient wurde. Ein Stellwerk der Firma EBEHACO ergänzte das mechanische Stellwerk der Bauform Gast. Im Bahnhof Graustein musste allerdings ein Schrankenwärter verbleiben, der auch den Zugschluss beobachtete und nach Spremberg meldete. Denn die Gleise Spremberg–Graustein waren nicht isoliert. Achszähler standen der Reichsbahn nicht zur Verfügung. Als die Fernsteuerung verschlissen war, musste der Schrankenwärter durch einen Fahrdienstleiter ersetzt werden. Die Fernsteueranlage wurde 1992 ausgebaut. Diesen Fernsteuertyp hatte die DR nicht mehr verwendet, aber einige kleinere Anlagen auf elektronischer Basis errichtet, wie zwischen Großheringen und Bad Sulza, und von Halle (Saale) Süd nach Schkopau, die ebenfalls nicht über das Versuchsstadium hinauskamen.

Die 1945/1946 demontierte Strecke Neustrelitz–Waren (Müritz)–Langhagen–Plaaz wurde im Zusammenhang mit dem neuen Überseehafen Rostock von 1958 an wieder aufgebaut. Anfang 1968 beschloss das Ministerium für Verkehrswesen, die 14 Bahnhöfe von Rostock aus fernzusteuern, um vor allem die Durchlassfähigkeit der eingleisigen Strecken zu erhöhen[7]. Projektiert, produziert und montiert wurde die Anlage vom WSSB und vom VEB Steremat Berlin. Am 31. Mai 1969 wurde die Streckenautomatik ausschließlich Waren (Müritz)–Lalendorf und am 26. September 1969 vollständig bis Rostock in Betrieb genommen.

Die im neuen 2. Obergeschoss des Gleisbildstellwerks Rostock Hbf eingerichtete Fern-

6 Das Versuchsmuster sollte nicht mit der später verwendeten Fernsteuerung verwechselt werden.

7 Beim Wiederaufbau war das zweite Gleis berücksichtigt worden, konnte aber mangels Investitionsmitteln und -kapazitäten nicht verlegt werden.

steuerung bestand aus zwei Bereichen mit je einem Streckenfahrdienstleiter, deren Zuständigkeitsgrenze zwischen Reinshagen und Lalendorf lag. Um die Tätigkeit des Fahrdienstleiters zu erleichtern, wurde der Durchfahrbetrieb geschaltet. Bahnhöfe, auf denen keine Kreuzungen oder Überholungen vorgesehen waren, wurden wie freie Strecke behandelt. Auch erhielt die Fernsteuerzentrale 1975 eine vom WSSB entwickelte elektronische Zugnummernmeldeanlage. Weil mit der Fernsteuerung gute Erfahrungen gemacht wurden, dehnte die Reichsbahn sie auf den Abschnitt ausschließlich Waren (Müritz)–Neustrelitz (ausschließlich) aus, sodass auf der Strecke Rostock Überseehafen–Neustrelitz 18 Betriebsstellen ferngesteuert wurden. Dass der in der Mitte gelegene Bahnhof Waren (Müritz) ausgespart blieb, lag an den ursprünglichen Plänen, die Strecke nördlich um Waren herumzuführen, einen neuen Bahnhof anzulegen und den alten aufzugeben. Dieses Vorhaben ist mit anderen, die zum Ausbau der Magistrale Berlin–Rostock gehörten, nicht verwirklicht worden.

Als die Strecke Neustrelitz–Rostock zweigleisig ausgebaut wurde, musste die Reichsbahn darauf verzichten, die Fernsteuerung anzupassen. WSSB war dazu nicht in der Lage. Man tröstete sich damit, die Durchlassfähigkeit der Strecke reiche auch mit dem Ortsbetrieb. Ohnehin waren die Bahnhöfe während der Fernsteuerung mit Fahrdienstleitern besetzt geblieben, die im Störungsfall eingriffen und sonst die Aufgaben des vereinigten Dienstes erledigten, zum Beispiel Fahrkarten verkauften und Gepäck abfertigten. Der Effekt dieser Fernsteueranlage war schon deshalb gering.

1981 ist für die Reichsbahn noch einmal eine Fernsteueranlage, Typ »ursatrans 4133«, entwickelt worden. Mit ihr wurden vom Zentralstellwerk Seddin aus die vorgelagerten Stellwerke in Michendorf und Beelitz Heilstätten gesteuert und überwacht.

Bei der Bundesbahn hatte unterdessen eine neue Modernisierungswelle eingesetzt: bei der Signaltechnik von Hauptbahnen mit geringerer Bedeutung und von Nebenbahnen. Zum Beispiel erhielten Unterwegsbahnhöfe mit einem oder zwei Überholungsgleisen das Dr-S-2-Stellwerk. Diese Anlagen besitzen weder Rangier- noch Umfahrstraßen; die Weichen müssen einzeln gestellt werden, der Fahrstraßen- und Signalteil der Relaisanlage ist vereinfacht, und auch die Stromversorgung wurde einfacher gehalten. Die Schaltanlage kam in vier verglaste Schränke, erforderte also keinen großen Aufwand. Das erste dieser Stellwerke, dem rund 500 folgen sollten, ging 1953 in Steinheim in Betrieb. 1958 bestand bereits die Hälfte aller Dr-Stellwerke der Bundesbahn aus dieser Bauart.

Noch einfacher gehalten sind die EDr-Stellwerke (E = einfach) auf eingleisigen Haupt- und Nebenbahnen:
- EDr-2 (b) für besetzte Bahnhöfe
- EDr-2 (u) für unbesetzte Bahnhöfe
- EDr-2 (uf) für von einer Zentrale teilferngesteuerte Bahnhöfe.

EDr-2 (b) besitzt nur Einfahrsignale mit den Bildern Halt, Fahrt, Langsamfahrt. Notrot und Ersatzsignale fehlen, ebenso die übliche Tag-Nacht-Schaltung. Die beiden Eingangsweichen werden unmittelbar aus dem Netz gestellt, die übrigen Weichen sind ortsbedient, gegebenenfalls schlüssel- oder riegelabhängig. Fällt der Netzstrom aus, können die Signale nicht gestellt werden, die Batterie reicht für die Haltstellung mindestens 24 Stunden lang. Die Weichen müssen in solchem Fall mit der Hand gekurbelt werden. Gleisfreimeldeanlagen gibt es nicht. Sie wurden auch deshalb nicht vorgesehen, und das war der Hauptanlass für die Einführung der EDr-2-Stellwerke, weil viele Strecken noch den Stahlschwellenoberbau besaßen, der kaum zu isolieren war.

EDr-2-(u)-Bahnhöfe besitzen Einfahrsignale wie vorher beschrieben, die aber im Ruhezustand abgeschaltet sind. Etwa 600 m vor dem Einfahrsignal schaltet der Zug über einen Kontakt die Anlage ein, worauf beide Einfahrsignale »Halt« zeigen, bis die Einfahrt in das durchgehende Hauptgleis eingestellt ist. Ein Schienenkontakt

50 m hinter dem Einfahrsignal stellt es auf »Halt« und stößt die Fahrstraßenauflösung für die Einfahrt und in der Gegenrichtung für die Ausfahrt an. Nach der Ausfahrt schaltet der Annäherungskontakt der Gegenrichtung die Anlage in die Grundstellung. Das durchgehende Hauptgleis besitzt eine Gleisfreimeldeanlage.

Sollen auf solchen unbesetzten Bahnhöfen Züge durchfahren, sind die Teilfernsteuerung und die selbsttätige Zugschlussmeldung (Bauart EDr-2 [uf]) erforderlich. Die Fernsteuerung erfasst nur die Stellbefehle für die Gruppenausfahrsignale und deren Rückmeldungen sowie die Zugschlussmeldungen. Der Ausschluss von Gegenfahrten ist in die Zentrale gelegt und wird mithilfe des Zentralblocks bewirkt. Die Zentrale bedient nur die Ausfahrsignale, während die Einfahrten sowie die Fahrstraßensicherung der Ausfahrten nach dem EDr-u-Prinzip örtlich geschaltet sind. Zugschluss- und Streckenräumungsmeldung können durch Gleisstromkreise oder Achszählanlagen, einfacher durch einen Induktor am Zugschluss, erreicht werden.

Während die Stellwerkshersteller in der Bundesrepublik bereits die Spurplantechnik entwickelten, produzierte in der DDR das WSSB noch die Gleisbildstellwerke der ersten Bauform. 1958/1959 wurden neue Bauelemente (Relais) verwendet und auf dem Bahnhof Cottbus Versuchsanlagen von Gleisbildstellwerken der Bauform II in der Schaltungsvariante DR (GS II DR) erprobt, und zwar als Stellwerke »W 20« und »W 21«, die am 7. Dezember 1959 in Betrieb genommen wurden. Die elektromechanischen Befehlsstellwerke »B 12« und »B 23« wurden nicht ersetzt. Man nutzte nicht die Chance, den Bahnhof von einem Zentralstellwerk aus zu bedienen. Es kam lediglich zur Umstellung auf Lichtsignale. Das erste Serien-Zentralstellwerk GS II DR kam zum Bahnhof Walddrehna und ging am 14. Januar 1958 in Betrieb. Von der Bauform I unterschied es sich vor allem durch die »Innereien«, also durch eine neue Generation von Signalrelais, neuartige Schaltungen, die den Weichenantrieb mit Drehstrom ermöglichten. Jetzt konnten die Stellentfernungen und damit die Stellwerksbezirke größer werden.

1964 begann im WSSB die Entwicklung der Spurplantechnik. Es entstand ein Stellwerk für kleinere und mittlere Bahnhöfe. Das Werk lieferte die Typen GS II Sp 64 a, b, c oder d, wobei die Kleinbuchstaben die Ausführungen für Industriebahnen (a), für die DR (b), für die (Ost-) Berliner U-Bahn (c) und für den Export (d) kennzeichneten. Die Reichsbahn soll in Satzkorn angeblich 1964 das 100. Gleisbildstellwerk erhalten haben; tatsächlich stand das 100. Gleisbildstellwerk in Schönwalde (Kr Nauen).

Auch die süddeutsche Firma Lorenz AG beschäftigte sich mit der Entwicklung und Fertigung von Gleisbildstellwerken und durfte das erste 1952 in Selb Stadt aufbauen. Gerade dieses Unternehmen hatte den Ehrgeiz, die »freie Schaltung« von 30 bis 40 Prozent, wie sie bei bisherigen Gleisbildstellwerken noch möglich und notwendig war, bis auf einen Rest zu verringern. Lorenz entwickelte das TRICON-Stellwerk (von »triple connection« abgeleitet), das auf die Anschaltung von Fahrwegrelais verzichtete. Stattdessen wirkten die Start- und Zieltasten auf ein der Gleisanlage nachgebildetes Schaltsystem ein. Das Spurplan-Drucktastenstellwerk (SpDr) war geboren. Dillingen (Saar) – am 6. Mai 1956 zugeschaltet – war das erste Stellwerk der Bauform SpDr L 20; im selben Jahr ging das von Offenbach (Main) in Betrieb. Die Bundesbahn forderte jedoch, die Lampenstromleistung zu erhöhen und in der Signaltechnik ausschließlich Signalrelais zu verwenden. SEL baute 1961 in Essen-Bergeborbeck das erste SpDr L 30, das diesen Bedingungen entsprach ein. Die Kürzel bedeuten zum Beispiel: *SpDr L 20* Spurplan-Drucktastenstellwerk der Firma SEL mit 20 W Lampenstromleistung. Auch Siemens war tätig und baute seine Erstanlage 1956 im Bahnhof Kreiensen auf: SpDr S 59.

Das Spurplanstellwerk folgt konsequent dem Baukastenprinzip. Die Bausteine sind Relaisgruppen für alle Arten von Außenanlagen. Die Relaisgruppen lassen sich durch Programmstecker dem jeweiligen Einsatzfall anpassen und werden durch steckbare Spurkabel miteinander verbunden. Dadurch haben die Strompfade in der Stellwerksschaltung den gleichen Verlauf wie die entsprechenden Fahrwege (»Fahrspuren«) der Züge von Weiche zu Weiche oder von Weichen- zu Weichengruppe. Die Verbindungen der Relaisgruppen untereinander entsprechen vollständig dem Lageplan der Betriebsstelle.

Die Vorteile des Spurplanstellwerks sind:

- Jeder Weichen- oder Gleisabschnitt stellt eine eigene Fahrstraße mit allen Abhängigkeiten dar und kann auch einzeln aufgelöst werden. Vorher mussten beim Entwurf des Stellwerks die Ein- und Ausfahrmöglichkeiten bestimmt werden, ferner, ob bestimmte Fahrstraßen nur am Zielpunkt oder stufenweise aufgelöst werden sollten. Damit nicht für jede Gesamtfahrstraße besondere Relaisgruppen vorgesehen werden mussten, teilte man den Stellbezirk in Teilfahrstraßen. Beim Spurplanstellwerk kommt man ohne diese Fahrstraßengruppen aus, verteilt man doch die Fahrstraßenglieder anteilig auf die Weichen-, Signal- und Gleisgruppen.
- Alle Fahrmöglichkeiten des Lageplans lassen sich ohne zusätzlichen Schaltungsaufwand nutzen, zum Beispiel Umfahrstraßen, wenn der normale Weg aus betrieblichen oder baulichen Gründen nicht benutzt werden kann. Die Umfahrstraßen werden entweder durch die Addition von Rangierstraßen und den zur Zugstraße gehörenden Start- und Zieltasten hergestellt, oder die Weichen werden einzeln in die gewünschte Lage gebracht und in dieser Stellung durch besondere Festhaltetasten fixiert.
- Durch die steckbaren Kabelverbindungen zwischen den Relaisgruppen lassen sich im Stellwerk Änderungen im Gleisplan oder vorübergehende Bauzustände wie zeitweise eingleisiger Betrieb mit geringem Aufwand herstellen.
- Schnelle und billige Projektierung der Sicherungsanlagen durch das Baukastenprinzip.
- Industrielle Fertigung und automatische Prüfung der Innenschaltung standardisierter Relaisgruppen.
- Einfachere und weniger zeitaufwändige Prüfung (auch die »Papierprüfung« wird erleichtert) und Instandhaltung der Sicherungsanlagen.
- Weniger Relaistypen, auswechselbare Kassetten für störanfällige Bauelemente wie Flachrelais, Dioden, Kondensatoren, Widerstände.

Die Spurplantechnik sicherte erstmals solche Rangierfahrten, die sonst ohne sicherungstechnischen Schutz blieben und unter Umständen durch Flankenfahrten Züge gefährden konnten, durch Rangierfahrstraßen mit Schutzweichen – bei der Deutschen Bundesbahn erstmals auf dem Bahnhof Kreiensen.

Weil das Spurplanstellwerk eine Vielzahl von betrieblichen Einsatzmöglichkeiten bietet und universell genutzt werden kann, ist es teurer als das Vorgänger-Gleisbildstellwerk, das nach dem Fahrstraßenprinzip arbeitet. Das erste Spurplanstellwerk der DR war das auf dem Bahnhof Radebeul West (GS II Sp 64 b), in Betrieb genommen am 27. März 1969. Dabei handelte es sich um einen Typ für kleinere und mittlere Bahnhöfe (bis zu 14 Fahrstraßen, 14 Weichen und 10 Hauptsignale) zunächst ohne Rangierfahrstraßen. Mit dem am 25. September 1974 angeschlossenen Stellwerk des Bahnhofs Jüterbog wurde die Entwicklung des GS II Sp 64 b abgeschlossen, das je nach den örtlichen Verhältnissen mit erheblichem betrieblich-technischem Aufwand ergänzt werden musste. Das Zentralstellwerk vom Bahnhof Bad Kleinen dieser Bauform wurde am 6. April 1975 als 300. Gleisbildstellwerk der DR und als erstes mit Rangierfahrstraßen in Betrieb genommen.

Von 1968 bis 1974 entwickelte das WSSB die Bauform GS III Sp 68 für große Bahnhöfe und Anlagen mit hohem Rangieraufkommen. Als am 20. Juli 1980 das Stellwerk »Sed« des Bahnhofs Seddin in Betrieb genommen wurde, war die zweite Etappe der Entwicklung des Stellwerktyps GS III Sp 68 in der DDR abgeschlossen.

In der Bundesrepublik sollte es beim Stellwerktyp SpDr S 60 bleiben, doch Mitte der 70er-Jahre legte Siemens für die Spurplanstellwerke eine neue Schaltungskonzeption fest, wobei Bedienungseinrichtung, Außenanlage und Energieversorgung unverändert blieben. Die Kurzbezeichnung: SpDr S 600. Das erste Stellwerk dieser Bauform wurde am 14. Oktober 1979 auf dem Bahnhof Helmstedt eingeschaltet. Der Hersteller hatte das Logikteil überarbeitet, um die Leistungsfähigkeit und die Zuverlässigkeit des Stellwerks anzuheben. Dem Bediener brachte der neue Stellwerktyp folgende Vorteile:

- Die Länge der Fahrstraßen ist unbegrenzt und zeigt keine spürbaren Auswirkungen auf die Anwahlzeit.
- Die Fahrstraße kann hilfsweise durch die Bedienung des Zielpunktes in Verbindung mit einer Gruppentaste aufgelöst werden (bei SpDr S 60 mussten Start, Ziel und die Gruppentaste bedient werden).
- Vor der Zugstraßenhilfsauflösung wird geprüft, ob das Signal »Halt« zeigt. Das schützt vor dem unbedachten Auflösen der Fahrstraße.
- Der Richtungswechsel bei Rangierwendefahrten wird erleichtert; die Restfahrstraße automatisch aufgelöst.
- Der Flankenschutz wird durch einen getrennten Melder angezeigt, was das ausgeleuchtete Gleisbild beruhigt und die eingestellte Zugfahrstraße deutlicher hervorhebt.
- Ausfahrten aus zu kurzen Gleisen oder mit überlangen Zügen, was bei Kopfbahnhöfen häufig vorkommt, lassen sich programmieren.
- Die Bedingungen für das Bedienen von Ersatzsignalen werden erleichtert.

Die für große Anlagen und eine sehr komplexe Beanspruchung ausgelegte Spurplantechnik war für kleine Anlagen zu aufwändig, oder anders gesagt: Der Rationalisierungseffekt war nicht groß genug, wenn man kleine Bahnhöfe mit der Spurplantechnik versah. Die Deutsche Bundesbahn erarbeitete daher ein Pflichtenheft, das folgende Ziele verfolgte:

- Verzicht auf bestimmte Leistungsmerkmale, die bei kleinen Anlagen keine Nachteile bringen oder nicht erforderlich sind, zum Beispiel Verzicht auf den Einzelverschluss von Weichen, auf signalisierte Rangierstraßen, auf das zweite Rot am Ausfahrsignal.
- Versorgung mit Ersatzstrom aus dem Bahnstromnetz.
- Genügend Spielraum für Anbieter, damit diese neuartige Konzepte mit wirtschaftlich und technisch optimalen Lösungen entwickeln.

Dementsprechend schrieb die Bundesbahn den von ihr erwarteten Stellwerkstyp international im deutschsprachigen Raum aus. Es durfte ein Relaisstellwerk und/oder ein elektronisches Stellwerk angeboten werden, worauf SEL sich mit dem Stellwerk MC L 84 (Modulares Compact-Stellwerk von Lorenz des Jahres 1984) bewarb. Einerseits vereinte es in sich die Vorteile der Spurplantechnik, andererseits wich die Modularaufteilung wesentlich von ihr ab. Während im Spurplanstellwerk jedem Element der Gleisanlage ein Modul – eine Relaisgruppe – zugeordnet ist, wurden beim System MC L 84 die funktionell zusammengehörenden Elemente der Gleisanlage zu einem Modul zusammengefasst, wie

- die beiden Weichen einer Gleisverbindung,
- die beiden Signale eines Bahnhofsgleises,
- das Einfahrsignal mit dem Einfahrvorsignal und dem Ausfahrvorsignal.

Die Schaltmittel wurden den Start- und Zielpunkten nur einmal zugeordnet, und zwar vorzugsweise dem Schnittpunkt zwischen Strecke und Bahnhof, also dem Einfahrsignal. Für die Weichenmodule blieben lediglich Stell- und Überwachungsfunktionen übrig, weil die Schaltmittel für den Verschluss der Fahrstraße und deren Auflösung, die Besetztprüfung, die Räumungsmeldung, die Fahrtrichtungsmarkierung und die Blockabhängigkeit für alle von einem Streckengleis kommenden und für alle in das gleiche Streckengleis mündenden Ausfahrstraßen nur einmal dem erwähnten Schnittpunkt zugeordnet worden waren. Benötigte eine einfache Weiche im Spurplanstellwerk SpDr L 60 insgesamt 40 Relais, brauchte das MC L 84 hierfür nur noch zwölf.

Äußerlich fiel das MC-L-84-Stellwerk nur durch den um einige Gleisbilder ergänzten Stelltisch bzw. das Stellpult auf, auf dem der Neigungswinkel eines Weichenbildes von 45 auf 63° erhöht worden ist, damit man das Gleisbild noch kompakter ausführen konnte. Diese vereinfachte Stellwerksausführung war naturgemäß auf bestimmte Anwendungsbereiche zugeschnitten. Sie konnte nur für solche Bahnhöfe vorgesehen werden, bei denen alle Fahrstraßen an Streckengleisen enden oder beginnen. Nachbarbahnhöfe innerhalb einer Stellentfernung von bis zu 6,5 km lassen sich von einem gemeinsamen Stellwerk fernstellen. Man kann aber auch das Stellwerk MC L 84 fernsteuern.

Das erste MC-L-84-Stellwerk ging im Juli 1985 in Langenargen in Betrieb. Ende 1988 gab es bereits 30 davon, mit denen die Bundesbahn zwar zufrieden war, dann aber doch mehr Funktionen wünschte, damit dieser Stellwerktyp auf weiteren Strecken eingeführt werden konnte. So wurde die Signalisierung verbessert, indem vom MC-L-84-Stellwerk aus Vorsignalwiederholer und Zusatzanzeiger bedient werden konnten. Um gleichzeitige Einfahrten zu ermöglichen, mussten die Durchrutschwege der einzelnen Fahrstraßen getrennt und wie bei anderen Drucktastenstellwerken durch zusätzliche Zieltasten ausgewählt werden.

Zum Rangieren wurden die Rangierfreigabe und die Ortsstellung der Weichen ermöglicht. Der Rangierleiter kann dann von einem Stellkasten in der Außenanlage die Weichen bedienen, die der Fahrdienstleiter frei gegeben hat. Auf zweigleisigen Strecken konnte der Selbststellbetrieb eingerichtet werden, um den Fahrdienstleiter zu entlasten. Für die Überleitstellen auf Neubaustrecken erhielt das Stellwerk MC L 84 in der Variante MC L 84 N die zusätzlichen Funktionen Dunkelschaltung der Signale, Block-Einstiegssignale und den Block der Linienzugbeeinflussung ohne Blocksignale.

Für ein- und zweigleisige Strecken mit schwachem bis mäßigem Verkehr schuf SEL das Sicherungs- und Steuerungssystem SIG L 90 auf der Grundlage des signalisierten Zugleitbetriebs. Ein Zugleiter regelt über ein Fernwirksystem die Zugfolge einer Strecke einschließlich der unbesetzten Unterwegsbahnhöfe. Dieser Stellwerkstyp besteht aus Komponenten des Stellwerks ESTW L 90, einem Mikrorechner-Achszähler, einem Personalcomputer und den Signal- und Weichenschaltkreisen, wie sie beim MC-L-84-Stellwerk verwendet wurden. SIG L 90 besteht aus der Zugleitzentrale und bis zu acht Unterwegs-Betriebsstellen, die über Datenkanäle – auch über Freileitungen geführt – mit der Zentrale verbunden sind. Erstmals wurde dieser Stellwerktyp auf der Nagoldbahn Unterreichenbach–Nagold angewendet.

Was die Bundesbahn auf kleinen Bahnhöfen mit der Dr-S-2-Technik und mit dem MC-L-84-Stellwerk erreichte, nämlich Personal zu sparen, hatte auch die Reichsbahn bitter nötig. Bei ihr klopfte niemand von der Signalbauindustrie an die Tür. Sie war auf das angewiesen, was die Staatliche Plankommission aus dem WSSB zuwies, nachdem die für die Devisenbeschaffung so

Vergleich der Ausrüstung mit Stellwerken bei DB und DR

	1989		1993		2000	2001
	DB	DR	DB	DR	DB AG	DB AG
Stellwerke insgesamt	4226	3407	4006	3336	6415	6352
davon Gleisbildstellwerke	1607	531	1640	558	?	?
elektronische Stellwerke	4	0	19	3	122	450

Der Bahnhof Wildberg ist mit dem sowjetischen Relaisstellwerk des Typs EZMG ausgestattet (1997). Foto: Preuß

wichtigen Exportaufträge und die Lieferungen für die Werkbahnen der so genannten Schwerpunktvorhaben abgedeckt worden waren.

Der Rückstand der Reichsbahn gegenüber der Bundesbahn wurde deutlich, als 1991 erstmals öffentlich Zahlen gegenübergestellt wurden, wobei diese nichts über Zustand und Alter der Stellwerkseinrichtungen sagten. Die unterschiedliche Länge der Gleise (1989 bei DB 60.000 km, bei DR 25.670 km) kann man nicht in Beziehung zur Zahl der Stellwerke setzen, denn gerade die Zentralstellwerke beherrschten weitaus große Gleisabschnitte.

Ging es der Bundesbahn vor allem um die Senkung der Personalkosten, indem man durch gezielten Einsatz der Zentralstellwerke das Personal verminderte, stand bei der Reichsbahn die Überwindung des Arbeitskräftemangels gerade im Betriebsdienst im Vordergrund, aber auch der Ersatz abgängiger Stellwerke, für die kaum noch Ersatzteile zu beschaffen waren. Unter diesem Gesichtspunkt bedurften die großen Eisenbahnknoten Berlin, Cottbus, Dresden, Erfurt, Falkenberg (Elster), Karl-Marx-Stadt, Leipzig, Magdeburg und Riesa mit einer Vielzahl von Stellwerken unterschiedlicher Bauarten und -formen dringend der Gleisbildstellwerke.

Die Bundesbahn ersetzte anfangs abgängige und behelfsmäßig zusammengeflickte Stellwerke durch Drucktastenstellwerke, verließ dann jedoch die punktweise Modernisierung und ging – vorangetrieben durch die Elektrifizierung – zum streckenweisen Ausbau mit der Dr-Technik über. Bis 1967 waren durch 806 Dr-Stellwerke 1800 alte ersetzt und 4438 Eisenbahner freigesetzt worden. Und 1985 verfügte die Bundesbahn über 639 Dr- und 904 SpDr-Stellwerke. Das machte ein Drittel aller Stellwerke aus.

Der Eisenbahnknoten Osnabrück liefert ein schönes Beispiel für die Vielfalt unterschiedlicher Stellwerksbauformen an einem Ort und dafür, wie Schritt für Schritt die Signaltechnik modernisiert

Umstellung der Stellwerkstechnik in Osnabrück

Bahnhofsteil	Befehls-stellwerk	Wärter-stellwerk	Bauart	Baujahr	Neue Bauform	Neue Bezeichnung
Hörne	Hf	-	S & H	1921	SpDr S 60	Oh[1]
	-	Ho	Jüdel	1921		
ob Bf	Ok	-	E 43	1945	SpDr S 60	Of
	-	Og	Jüdel	1914		
	-	Os	S & H	1913		
	-	Mt	E 43	1950		Ofn
	-	Nt	Stahmer	1908		
	Abzw Vbn	-	Einheit	1947		
	-	Ol[2]	Z & B	1924		
Belm	Bf	-	DrS 2	1954		Ob[3]
Osnabrück-Eversburg	-	En	Jüdel	1935	SpDr S 60	Oe[4]
	-	Ew	Einheit	1937		
	Ef	-	Einheit	1935		
Hasetor	Blockstelle	-	Einheit	1953		HP
unt Bf	Ow	-	E 43	1947	SpDr S 60	Ofn
	-	Oo	S & H	1912		
Lüstringen	Lü	-	Einheit	1934		(Ofu[5])
Rbf	-	Ovu	E 43	1947	SpDr S 60	Orn
	-	Ovl	E 43	1950		
	-	R 1	Einheit	1947		
	-	R 3	Dr S 2	1961		
	-	Osv	AEG	1913	SpDr S 60	Ors
	-	R 2	Einheit	1946		
	-	Ova	Dr I	1950	SpDr S 60	Oro
	Orf	-	Dr I	1951		
	-	Vbo	Jüdel	1908		

1 später von »Ofs« ferngesteuert
2 Das Stellwerk wurde im Herbst 1955 stillgelegt, die Anlagen kamen teilweise zum Stellwerk »Ofn«.
3 von »Ofu« ferngesteuert
4 von »Ofn« ferngesteuert
5 von »Ofu« aus ferngestellt

und durch Konzentration auf wenige Stellwerke Arbeitsplätze abgebaut wurden. Diesen Vorgang leitete die Elektrifizierung der Strecke Münster–Osnabrück im Herbst 1966 ein. 1959 begann die Vorplanung für das siebengeschossige Zentralstellwerk »Of«. Dieses regelt vor allem die Zugläufe auf den Strecken Münster–Bremen, Rheine–Löhne und Oldenburg–Löhne. Auf dem Rangierbahnhof wurde das Stellwerk »Oro« in Betrieb genommen, zuständig für die Einfahrten der Züge und für den Ablaufbetrieb. Stellwerk »Ors« ist das Ausfahr-Stellwerk des Rangierbahnhofs für Züge in Richtung Münster und Bremen, Stellwerk »Orn« für die Richtungen Rheine und Oldenburg. Die acht Befehls- und 19 Wärterstellwerke wurden auf das Zentralstellwerk »Of« mit den drei Fahrdienstbezirken »Ofs«, »Ofn« und »Ofu« konzentriert. Vier Stellwerke blieben besetzt: »Ol«, »Oro«, »Ors«, »Orn«.

Bei der Reichsbahn konnte von einer Strategie zur Ablösung der alten Stellwerke keine Rede sein. Erst 1976 zeichneten sich die ersten Importe von Stellwerken aus der UdSSR ab – die EZMG-Stellwerke, die ausschließlich für kleinere Bahnhöfe, hauptsächlich auf eingleisigen Nebenbahnen bestimmt waren. Die Ersten wurden im Mai 1976 auf den Bahnhöfen Bleicherode Stadt und Bischofferode in Betrieb genommen. Wenige Tage später folgten die Stellwerke an der Hauptbahn Leinefelde–Gotha (Inbetriebnahme am 23. Juni 1976), wo auch der halbautomatische Streckenblock aus der UdSSR mithilfe eines am Zugschluss angehängten Induktors verwendet wurde. Das EZMG-Stellwerk ist ein Typenstellwerk, im Wesentlichen in vorgefertigter Schrankbauweise. Das heißt, es ist für einen bestimmten Gleisplan zugeschnitten (maximal fünf Gleise, alle Bahnhofsgleise mussten in Richtung freie Strecke münden), sodass entweder die Einsatzmöglichkeiten eingeschränkt waren oder die Gleisanlagen zuvor umgebaut werden mussten. Das Stellwerk enthält Zug- und Rangierfahrstraßen, die auf denselben Fahrweg aufbauen und sich nur in der Signalisierung unterscheiden. Die Reichsbahn ergänzte diese Stellwerke durch Gleisfreimelde- und Stromversorgungsanlagen – sie »germanisierte« die Stellwerke.

In gewisser Weise kann das EZMG-Stellwerk auch hinsichtlich seiner Einsatzbedienungen mit dem MC-L-84-Stellwerk bei der Bundesbahn verglichen werden. Äußerlich erkennbar war es an den langen Schuten der Lichtsignale, wie sie

Stellwerk »B 21« in Leipzig Hbf hat alles: Weichenhebel, ein Stellwerk der Bauform Relais 51 und den Bedientisch des Gleisbildstellwerks (1998). Foto: Preuß

Übergangsstadium bei einer Werkbahn. Der Bedientisch gehört zur Relaisanlage von SEL. Er wurde aber mit einer PC-Bedieneinheit und dem OC-15-Fernsteuersystem von Siemens angepasst. Wahlweise kann das Stellwerk vom Tisch oder mit der Maus bedient werden. Foto: Lohner

bei den Sowjetischen Eisenbahnen zum Schutz vor Sonneneinstrahlung üblich waren, inzwischen teilweise durch deutsche Signalmasten ersetzt.

Auch auf Hauptbahnen sollten EZMG-Stellwerke eingesetzt werden. Das einzige Stellwerk des Typs EZ 83 kam zum Bahnhof Minsleben, wonach der Nebenbahnabschnitt Heudeber-Danstedt–Minsleben zur Hauptbahn hochgestuft wurde. Insgesamt importierte die DDR 89 Stellwerke. 77 sind eingebaut worden; der Rest wurde nach 1990 verschrottet. Seit 1995 ist die Zahl der EZMG-Stellwerke infolge Bahnhofsstilllegungen rückläufig.

7. Monitor und Griffel: Vom elektronischen Stellwerk zur Betriebszentrale

Während die Deutsche Reichsbahn froh sein musste, ihren technischen Standard auch mithilfe der sowjetischen Relaistechnik auf einigen Bahnhöfen ein wenig anheben zu können und der einzige Stellwerkshersteller in der DDR kaum etwas zur Weiterentwicklung der Stellwerkstechnik unternehmen konnte, ging man in der Bundesrepublik Deutschland mit Unterstützung des Bundesministeriums für Forschung und Technologie und des Senats von Berlin (West) daran, elektronische Stellwerke zu entwickeln und zu erproben.

Elektronische Bauelemente in der Sicherungstechnik waren bei der Bundesbahn nicht neu. Bereits in den 60er-Jahren hatte sie elektronische Achszähler und Fernsteuersysteme eingesetzt sowie Prozessrechner für die Steuerung von Rangierbahnhöfen, Fernsteuer- und Betriebsleitzentralen genutzt. Etwa von 1970 an prüfte das Bundesbahn-Zentralamt (BZA) München in Zusammenarbeit mit Stellwerksherstellern, ob die Elektronik wirtschaftlich in Innenanlagen verwendet werden könnte. Abgesehen von den zu garantierenden Sicherheitsanforderungen stellte sich heraus, dass elektronische Stellwerke gegenüber Relaisstellwerken viel zu teuer waren.

Das änderte sich zu Beginn der 80er-Jahre, als der Preis der hoch integrierten Bauelemente drastisch verfiel. Im April 1983 entschied der DB-Vorstand, elektronische Stellwerke zu erproben. Er hoffte, diese Technik sei gegenüber den Relais-Stellwerksanlagen nicht nur hinsichtlich der Investitionen, sondern auch der Instandhaltungskosten wirtschaftlicher. Außerdem versprach man sich Vorteile durch eine leistungsfähigere Betriebsabwicklung, ohne dabei technikbedingten Zwängen unterworfen zu sein.

Um es vorweg zu nehmen: Die elektronischen Stellwerk sind immer noch teuer; Zahlenvergleiche sind leider unbekannt. Während bei früheren Bauformen die Stellwerksfirmen nur wenige Fachleute mit deren Verbesserung beschäftigten, sind für das elektronische Stellwerk ungleich mehr Spezialisten für die Pflege und Weiterentwicklung der Sofortware tätig. Deren Lohnkosten beeinflussen maßgeblich den Preis.

Als sich die Bundesbahn für die elektronischen Stellwerke entschied, waren bei den Schwedischen Staatsbahnen bereits drei der Firma Ericson in Betrieb. 1985 arbeiteten im »offiziellen, zugelassenen« bzw. im Dauertestbetrieb vier solche Stellwerke von Siemens: in der Berliner U-

Als mit der Hochgeschwindigkeitsstrecke Hannover–Würzburg in Orxhausen das elektronisches Stellwerk eingerichtet wurde, gab man ihm außer den Monitoren noch die große Meldetafel (1991). Foto: DB/Weihe

Bahn-Station Uhlandstraße (seit 1982), im Stellwerk Leitstraße des Gemeinschaftsbetriebes Eisenbahn und Häfen in Duisburg (seit 1983), bei den Niederländischen Eisenbahnen in Hilversum (Test seit 1985) und seit 1983 bei der Industriebahn Arthur Taylor Colliery in Südafrika.

Die Bundesbahn erkannte aber, dass deren Betriebsbedingungen nicht mit den ihren zu vergleichen waren und verlangte, die Stellwerke müssten zumindest die Funktionen der Bauformen SpDr S 600 bzw. SpDr L 60 erfüllen. Wichtig war der DB die flexible Beherrschung von Unregelmäßigkeiten und Störungen sowie die größere Unterstützung des Fahrdienstleiters.

Das bisher geltende Prinzip der schützenden Zurückweisung musste anderen Sicherheitsanforderungen weichen, denn die Relais-Abhängigkeitsschaltungen der Gleisbildstellwerke wurden durch Mikrocomputer ersetzt. Ist die Relaisschaltung so aufgebaut, dass der Ausfall eines Teils nicht zu einem gefährlichen Zustand führt, sondern sich immer nur »zur sicheren Seite«, allenfalls betriebshemmend auswirken kann, so lässt sich bei den Tausenden von Transistorfunktionen auf einem Chip nicht nachweisen, dass sich der Ausfall einer Funktion unschädlich auswirkt. Der Sicherheitstechnik standen Systeme mit den Auswahlprinzipien 2 v 2 oder 2 v 3 zur Verfügung. Für die Sicherheit des Systems ist dabei eine 2-v-2-Konfiguration mit sicherem Vergleich erforderlich. Wegen der Verfügbarkeit wird eine 2-v-3- oder zweimal 2-v-2-Anordnung gewählt. Bei 2 v 2 müssen zwei von zwei Kanälen zu einer identischen Entscheidung gekommen sein, ehe sie eine Funktion mit Sicherheitsverantwortung auslösen. Bei 2 v 3 müssen nach dem Mehrheitsprinzip ebenfalls zwei Kanäle diese Funktion übernehmen, aber der Ausfall oder die andersartige Aussage eines der drei Kanäle wird toleriert.

Mindestens ebenso schwer wiegend wie der Sicherheitsnachweis war die Forderung der Bundesbahn nach konsequentem Ausfallschutz. Beim Gleisbildstellwerk ist in der Regel eine Relaisgruppe nur einem Fahrwegelement zugeordnet, und es sind nur wenige zentrale Einheiten vorhanden. Beim elektronischen Stellwerk sollte jedoch eine größere Anzahl von Elementen der Außenanlage von einer Verarbeitungseinheit in der Zentrale gesteuert und überwacht werden. Kommt es in der Hardware zu einer kleinen Störung, von der nur ein Element betroffen ist, so waren nach der These der Bundesbahn gleich ganze Bahnhofsteile betroffen. Man konnte sich daher, wenn man Sicherheit und Zuverlässigkeit gewährleisten wollte, nur damit behelfen, dass man Mehrrechnerstrukturen schafft. Bei Nichtübereinstimmung wird beim 2-v-2-System der Befehl nicht ausgeführt, beim 2-v-3-System wird auf einen weiteren Rechner umgeschaltet.

Bei den Stellwerken der beiden Hersteller Siemens und SEL werden mindestens zwei Mikrocomputer parallel betrieben, die Ergebnisse zyklisch und bei der Ausgabe von Informationen verglichen, wobei auch die Software geprüft und für »sicher« erklärt werden muss. Je nach Hersteller wird mehr Hardware oder mehr Software verglichen. AEG-Telefunken und SEL arbeiteten nach dem 2-v-3-Auswahlverfahren, Siemens nach 2 v 2, baute aber Ausfallschutzeinheiten ein, die im Bedarfsfall die Funktion der gestörten Einheit übernahmen. Unterschiede ergaben sich auch beim Datenaustausch. SEL benutzt serielle Datenverbindungen über Kupferleitungen im Punkt-zu-Punkt-Verkehr zu den zu steuernden, abgesetzten Rechnern der entfernten Bahnhöfe oder Betriebsstellen. Siemens dagegen verwendete für die Kommunikation zwischen den Mikrocomputern ein BUS-System und für die Steuerung und Überwachung der abgesetzten Rechner ein linienförmiges Bus-Übertragungssystem[1]. Die AEG wiederum benutzte zwei ausfallgeschützte Ringleitungssysteme in Lichtwellenleitertechnik. Das Erste dient dem Datenaustausch zwischen den Mikrocomputersystemen der oberen und mittleren Ebene, das Zweite stellt die Verbindung zwischen den Rechnern der mittleren und unteren Ebene her.

Am 25. September 1979 beauftragte der Entwicklungsausschuss der Bundesbahn das BZA München mit einer Projektstudie, die dann mit den Firmen Siemens, SEL und AEG sowie mit der Technischen Universität Braunschweig zustande kam. In der Studie ging es um die Frage, ob für die Bundesbahn ein Einheitsstellwerk mit identischen Baugruppen oder ob drei Firmenlösungen ohne Vereinheitlichung günstiger seien. Wie es schien, verfolgten die Firmen jede für sich eigene Ziele – jedenfalls wurde das Einheitsstellwerk nicht empfohlen!

Im April 1983 entschied der DB-Vorstand, die Entwicklung des elektronischen Stellwerks unverzüglich aufzunehmen, und im November 1983 vereinbarten Bundesbahn und die Firma Siemens, fünf solcher Stellwerke (ESTW S) mit betrieblichen Funktionsbedingungen zu errichten, wie sie im modernsten Spurplanstellwerk bestehen. Diese durften auch nicht mehr als vergleichbare Stellwerke der Bauform SpDr S 600 kosten. Die Teststellwerke wurden zwischen 1985 und 1987 in Murnau, Overath, Essen-Kupferdreh, Detmold und Springe errichtet und lagen an solchen Strecken, wo eine Störung sich kaum auf das Gesamtnetz auswirken konnte. Die Teststellwerke arbeiteten ein Jahr lang parallel zum alten Stellwerk, dann schloss sich eine zweijährige Sicherheitserprobung an, während der die Außenanlagen allein vom elektronischen Stellwerk gesteuert wurden. So übergab der Hersteller das Murnauer Stellwerk am 13. Dezember 1985 an die Bundesbahn, aber erst im November 1988 wurde es von der DB sicherheitsverantwortlich in Betrieb genommen.

Von 1985 bis 1987 baute SEL auf den Bahnhöfen Renningen (Beginn des Probelaufs am 12. November 1986) und Neufahrn (Niederbay) das Stellwerk des Typs ESTW L 90 (in Betrieb seit November 1989), die AEG-Telefunken ihres in

1 SEL hat auch intern in der Zentrale ein BUS-System, und es ist abzusehen, dass sich die Hersteller mit ihren Betriebssystem angleichen – eine ähnliche Entwicklung, wie sie einst die mechanischen und elektromechanischen Stellwerke durchliefen.

Dieburg, das 1992 in Betrieb genommen wurde. Auch die Nichtbundeseigene Köln-Bonner Eisenbahn und die Frankfurter Verkehrsbetriebe bestellten bei Siemens elektronische Stellwerke. Die AEG konnte allerdings die geforderten Nachweise der »Bahntüchtigkeit« nicht erbringen und stellte Anfang der 90er-Jahre die weiteren Arbeiten am Stellwerksbau ein.

Die Bundesbahn gab allen Herstellern vor, wie der Fahrdienstleiter-Arbeitsplatz auf einem elektronischen Stellwerk beschaffen sein muss. Unter anderem verlangte sie:

- höchstens zwei »sichere« Bildschirme als Lupenanzeigen für die Detaildarstellung,
- höchstens zwei Bildschirme für die Übersichtsdarstellungen, zum Beispiel der Fahrstraßen,
- einen Eingabe- und Kontrollbildschirm für die Eingabe von Stellbefehlen und Mitwirkung bei Störungsbehandlungen,
- einen Protokoll- und Störungsdrucker,
- Eingabemedien als Tastatur oder als Griffel.

Außerdem bestimmte sie, auf welche Art und Weise und mit welchen Farben und Symbolen der Bildschirm den Betriebsablauf anzeigen darf. Genauso wurde die Bedienungstechnologie bestimmt.

Dementsprechend ähnelten sich die Stellwerke der drei Hersteller. Sie gingen von drei Verarbeitungsebenen aus:

- Obere Ebene (»over head«) ist die Steuerung des Fahrdienstleiter-Arbeitsplatzes. Hier befinden sich die Ein- und Ausgaberechner, die die über Dateneingabetastaturen eingegebenen Fahrstraßen oder Einzelbedingungen verarbeiten und den Auftrag an die nächste Ebene weiterleiten.
- Mittlere Verarbeitungsebene, das Herz des Stellwerks, sind die signaltechnischen Abhängigkeiten (Verschlüsse, Ausschlüsse und Auflösungen). Diese Ebene ist der Kern des Stellwerks.
- In der unteren Ebene steuern und überwachen Module die Elemente der Außenanlage, die von den drei Firmen unverändert von den Spurplanstellwerken übernommen worden sind.

Die Stellentfernung ist auch beim elektronischen Stellwerk beiderseits auf 6,5 km begrenzt. Die Ausdehnung des Bezirks kann also allenfalls 13 km sein, lässt sich aber mithilfe von Datenübertragungsstrecken durch zu steuernde, abgesetzte Rechnerbereiche erweitern. Davon wird reichlich Gebrauch gemacht.

Das erste elektronische Stellwerk der Reichsbahn in Eilsleben (1993). Links von ihm steht das Behelfsstellwerk für die Schulung der Fahrdienstleiter. Foto: Preuß

Die Zustände in der Stellwerkslogik und die Meldungen über die Außenanlage werden auf Datensichtgeräten angezeigt. An die Stelle der beim Gleisbildstellwerk üblichen Anzeigeeinrichtungen, wie Stelltisch, Stell- und Meldetafeln, traten Farbmonitore. Möglich ist auch, das Monitorbild auf große Videowände zu projizieren. Die ersten elektronischen Stellwerke erhielten zum Eingeben der Bedienbefehle gleich dem Personalcomputer alphanumerische Tastaturen, die jedoch dem Bedienpersonal wegen ihrer abstrakten Form Mühe bereiteten. Auch das Bedienungstableau stellte in der Handhabung gegenüber dem vorangegangenen Gleisbildstelltisch einen Rückschritt dar, waren doch bei ihm alle Tasten geometrisch richtig an der entsprechenden Stelle des Gleisplans zu finden. Deshalb führte SEL erstmals Bedientabletts ein, auf dem wieder das Gleisbild zumindest schematisch dargestellt ist. Der Bediener aktiviert die Felder mit einem elektronischen Griffel, zum Beispiel tippt er beim Einstellen einer Fahrstraße das Start- und Zielfeld an sowie ein Verarbeitungsfeld.

Vor dem Bediener stehen zwei Farbsichtgeräte (Monitore). Auf dem einen ist der gesamte Bereich dargestellt. Hier werden nur die Informationen angezeigt, die zum Einstellen und Überwachen im Regelbetrieb notwendig sind. Das Streckenbild ist abstrahiert, weil die Betriebsstellen auf dem rechteckigen Bild nicht nacheinander, sondern höchstens übereinander angezeigt werden können. Der vollständige, detaillierte Meldeumfang wird dem Fahrdienstleiter auf Lupenbildern projiziert, die über das Bedientablett aufgerufen werden können. Dann erscheint auf dem zweiten Monitor der Gleisplan nur eines Bahnhofskopfes.

Dem Fahrdienstleiter steht ein Störungs-, Protokoll- und Zugnummerndrucker zur Seite. Ein dritter Monitor zeigt Art und Ort von Störungen an, wie Ausfall der Oberleitung oder der Kurzschluss in einem Gleisabschnitt.

Insbesondere die Hochgeschwindigkeitsstrecken förderten den Bau der elektronischen Stellwerke, wobei sie sich von anderen Strecken unterscheiden, mussten doch die Stellwerke an die Linienzugbeeinflussung angeschlossen werden. Außerdem mussten wegen der Führerstandsignalisierung die Dunkelschaltung der Signale und der elektronische Streckenblock ohne Signale am Gleis in die Funktionen des Computerstellwerks aufgenommen werden. Diese komplexen Anforderungen wurden an der Neubaustrecke Mannheim–Stuttgart in Hockenheim getestet. Als im Frühjahr 1987 der erste Abschnitt der Hochgeschwindigkeitsstrecke Mannheim–Graben Neudorf eröffnet wurde, arbeitete noch das SpDr-S-600-Stellwerk in Hockenheim einschließlich Relaisblock und ohne Unterteilung der Strecke in mehrere Blockabschnitte. Das elektronische Stellwerk Hockenheim der Bauform El S, das

Der Fahrdienstleiter in Eilsleben stellt die Fahrstraßen mithilfe eines Griffels ein (1993). Foto: Preuß

Erste von drei so genannten Serienstellwerken mit abgesetzten Stellrechnern für einen 50 km langen Streckenabschnitt an der Abzweigstelle Saalbach, die auch die Überleitstelle Oberhausen steuerte, wurde wie bei den anderen elektronischen Stellwerken »im Schutz der konventionellen Technik« erprobt. 1991/1992 wurden die Stellwerke in Kirchheim Nord sowie Orxhausen (beide Bauart El S) und in Hamburg-Eidelstedt (Bauart El L) in Betrieb genommen.

1993 erhielt die Deutsche Reichsbahn im Zusammenhang mit dem Ausbau der Strecke Berlin–Helmstedt auf dem Bahnhof Eilsleben das erste elektronische Stellwerk, das wie alle weiteren Stellwerke mit dem neuartigen Kombinations-Signal-System (Ks-Signalsystem) ausgestattet wurde. Die (West-) Berliner Verkehrsbetriebe (BVG) hatten für den S-Bahnverkehr auf den Bahnhöfen Berlin-Wannsee und Westkreuz elektronische Stellwerke bestellt, die wegen der neuen politischen Situation und dem neu dimensionierten Ost-West-Verkehr in höchster Eile für den Fernverkehr erweitert wurden, was sich wegen nicht ausgereifter Software und ungenügenden Ausbildungsstandes des Personals in erheblichen Störungen auswirkte.

Das im Mai 1994 auf dem Bahnhof Leinefelde in Betrieb genommene SEL-Stellwerk zeichnet sich unter anderem durch die Anpassung an drei verschiedene Stellwerksbauarten aus: in Eichenberg SpDr S 60, in Bernterode GS II Sp 64 b und in Silberhausen EZMG. Den beiden Fahrdienstleitern wurde nicht, wie sonst üblich, ein bestimmter Streckenabschnitt zugeordnet, sondern jeder Fahrdienstleiter ist für eines der beiden Streckengleise zuständig. Damit wurde eine gleichmäßige Belastung erreicht, es konnten zugleich die sonst notwendigen »Übergaben« der Züge an den Nachbardienstplatz entfallen. Und beide Fahrdienstleiter arbeiten gleichzeitig am selben Lupenbild.

Knapp zehn Jahre nach dem ersten elektronischen Stellwerk der Bundesbahn meinten die Fachleute, es seien noch nicht alle Möglichkeiten der Elektronik ausgeschöpft, und man müsse das »Dogma der Sicherheitslogik hinterfragen«. Solche Auffassungen kommen den Bestrebungen entgegen, die Personalkosten zu senken, also mit immer weniger Personal den Zugbetrieb zu lenken.

Seit den Anfängen der Sicherungstechnik bei den Eisenbahnen war das Stellwerk der Knoten-

Bis zum Übergang auf die Betriebszentralen in Berlin und Hannover arbeiten im Stellwerk von Fallersleben zwei Fahrdienstleiter (1998). Foto: Preuß

punkt für die Sicherheitsabhängigkeit. Hierzu gab es beim mechanischen, beim elektromechanischen wie beim Relaisstellwerk keine Alternative. Als der Übergang auf die elektronische Fahrwegsteuerung gewagt wurde, wollte niemand das Risiko einer völlig neuen Technologie eingehen, sondern man blieb beim Bewährten, beim Zentralstellwerk. Hätte man beim technologischen Sprung von der Elektromechanik zur Elektronik die Entwicklung zusätzlich mit der Abkehr vom Grundsatz der zentralen Sicherheitslogik belastet, wären Konstrukteure, Programmierer, Prüfingenieure und Auftraggeber unverantwortliche Risiken eingegangen. Der Zusammenbruch des Zugverkehrs einer Strecke wäre noch die geringste Folge gewesen.

Die elektronischen Stellwerke führten jedoch nicht zu den gewünschten Investitions- und Betriebskostensenkungen. Zum Beispiel sind sie nur punktuell mit kleineren Steuerbereichen gebaut worden. Die Möglichkeit, größere Steuerbereiche aufzubauen und neue Betriebstechnologien sowie Instandhaltungsstrategien anzuwenden, wurden nicht ausgeschöpft. Andere Nicht-Eisenbahn-Unternehmen hatten bereits den Zentralrechner durch dezentrale Logikeinheiten und Netzwerke abgelöst. Deshalb wandten sich auch die Eisenbahnen der Dezentralisierung der Fahrweglogik zu.

Einen solchen Schritt gingen die Verkehrsbetriebe Eisenbahn und Häfen in Duisburg, wo die Stellwerke aufgegeben wurden und stattdessen die Fahrwege mit modular aufgebauten, dezentral angeordneten Rechnern gestellt werden. In einem Kernnetz von über 600 km Strecken mit über 1000 Fahrwegstelleinheiten werden täglich über 100 Lokomotiven mit etwa 2000 Wagenbewegungen direkt ohne zwischengeschaltete Stellwerke durch die Technik des Microcomputergestützten Dezentralen Steuerungssystems (MCDS) gestellt. Die Albtal-Verkehrs-Gesellschaft verwendet im fahrplangebundenen Personenverkehr die MCDS-Technik auf der Strecke Ettlingen–Bad Herrenalb.

Die Deutsche Bahn verfolgte zwei Wege, indem sie 1997 für Regionalbahnstrecken kostengünstige Stellwerke bestellte und andererseits bereits seit 1994 sich den Betriebszentralen näherte. Die Stellwerkstypen für Regionalbahnstrecken (El S Regio, L 90 C) setzen wie beim sowjetischen Relaisstellwerk EZMG bestimmte Bahnhofstypen voraus, für das Siemens-Stellwerk am besten einen Standardbahnhof mit durchgehendem Haupt- und einem Kreuzungsgleis. Die Gleise werden im Richtungsbetrieb gefahren. Rückfallweichen sind nicht erforderlich, weil sie nicht billiger gegenüber elektrischen Weichenantrieben sind. Als Hauptsignale werden modifizierte Stadtbahn-Signale verwendet, deren Optik für Geschwindigkeiten bis 100 km/h reicht.

Das SEL-Stellwerk ist bei folgenden »vordefinierten« Bahnhofstypen vorteilhaft:

- A 1 eingleisige Strecke mit Richtungsbetrieb im Überholbahnhof ohne Vorsignale
- A 2 wie A 1, jedoch mit Vorsignalen
- B eingleisige Strecke mit Überholbahnhof
- BA abzweigende eingleisige Strecke
- C zweigleisig mit Überholungsgleis (Richtungsbetrieb)

Bauformen elektronischer Stellwerke

Bauform	DB, DR, DB AG, NE	Bezeichnung
ESTW Siemens	DB, DR	El S
ESTW Siemens	NE	SICAS
ESTW SEL	DB, DR	El L
ESTW für Regionalbahnen	DB AG	El L 90 C
	DB AG	El S Regio
	DB AG	El S net

Das Großraumbüro der Betriebszentrale Leipzig für die Disposition der Züge (2000). Foto: Slg. Preuß

- D zweigleisig mit Überholungsgleis (Gleiswechselbetrieb).

Für »größere« Regionalbahnhöfe stellt SEL das elektronische Stellwerk L 90 C-A bereit. Eine andere Lösung ist der Stellwerkstyp El S net von Siemens, das in regionalen Netzen mit schwach bis mäßig befahrenen Strecken (Geschwindigkeiten bis 160 km/h) bei vereinfachten Betriebsanforderungen und einfachen Bahnhofstopologien eingesetzt werden kann.

Die Betriebszentralen sind für stark belegte Bahnhöfe und Strecken geschaffen. In ihnen wurden die örtlich zuständigen Fahrdienstleiter, die Zuglenker und Disponenten räumlich zusammengeführt. Die vorherige Hierarchie in zwei Ebenen – Fahrdienstleiter und Betriebsleitung – entfiel. Den sieben Betriebszentralen ist in Frankfurt (Main) die Netzleitzentrale (NLZ) übergeordnet, in deren Auftrag bzw. auf Anweisung die Betriebszentralen die Züge in ihrem jeweiligen Netz disponieren. Die Netzleitzentrale übernimmt im Wesentlichen die Aufgaben der bisherigen Betriebsleitungen in Berlin und in Mainz. Für ihre Überwachungs- und Konflikterkennungsfunktion stehen technische Hilfsmittel bereit, auf die nicht näher eingegangen wird, weil sie mit den früheren Stellwerken in keinem Zusammenhang stehen.

Bleiben wir bei den Betriebszentralen: Für die Erste in Magdeburg wurde 1993 sprichwörtlich »in letzter Minute« der Ausbau der Strecke Berlin–Helmstedt in der Weise umprojektiert, dass an Stelle der mit Fahrdienstleitern besetzten elektronischen Stellwerke in Brandenburg Hbf, Genthin und Potsdam Stadt nur solche ohne Bedieneinrichtungen installiert wurden. Bedient wurden diese Stellwerke von der Betriebszentrale Magdeburg, die während der ersten Baustufe die Strecke Biederitz–Werder (Havel) steuerte und überwachte. Vorgesehen war, in einem weiteren Schritt den Hauptbahnhof Magdeburg und die Strecke von Schandelah bis Werder (Havel) anzuschließen.

Stellrechner in Weißenfels, neuerdings Unterzentrale genannt (2000). Foto: Preuß

Seit 1994 sah die Deutsche Bahn 17 Betriebszentralen in Berlin, Bremen, Dresden, Erfurt, Essen, Frankfurt (Main), Hagenow Land, Halle (Saale), Hamburg, Hannover, Karlsruhe, Fulda, Köln, Magdeburg, München, Nürnberg und Stuttgart vor, bis sie im Sommer 1998 das von Siemens-Verkehrstechnik, Alcatel und Vossloh-System-Technik vertretene »Konsortium BZ 2000« beauftragte, das leittechnische Konzept von nur sieben Betriebszentralen auszuarbeiten, die in den Niederlassungen von DB-Netz zu finden sind. Die S-Bahn Berlin erhielt eine eigene Betriebszentrale. Das bedeutet aber auch, die bisherigen Stellwerke (meist Zentralstellwerke ESTW-Z) zu Unterzentralen (UZ) »hochzurüsten« und das Betriebspersonal in den Betriebszentralen zusammenzufassen[2].

2 freilich bei rigorosem Arbeitsplatzabbau

Das Konsortium vereinbarte mit der Deutschen Bahn einen dreistufigen Aufbau der Betriebszentralen:

1. Umsetzung der Rechnergestützten Zugüberwachung in die Betriebszentralen mit Erweiterung des Überwachungsbereichs auf das Netz der Niederlassung, ergänzt um das Leistungsmerkmal der Konflikterkennung,
2. Umsetzung der zentralen Datenhaltung,
3. Ergänzung der Konflikterkennung und -lösung sowie die Einbeziehung sämtlicher überwachenden Elemente der Fahrwegsicherung sowie der internen Systeme der Betriebszentrale. Direkte Umsetzung der Zuglenkungskommandos aus dem Dispositionsbereich in Stellbefehle über die operative Zuglenkung.

Die Betriebszentralen gingen nach und nach in Betrieb – im Mai 1999 in Frankfurt (Main), am 15. Mai 1999 in Berlin, am 16. Oktober 1999 in Duisburg, am 30. Oktober 1999 in Hannover, am

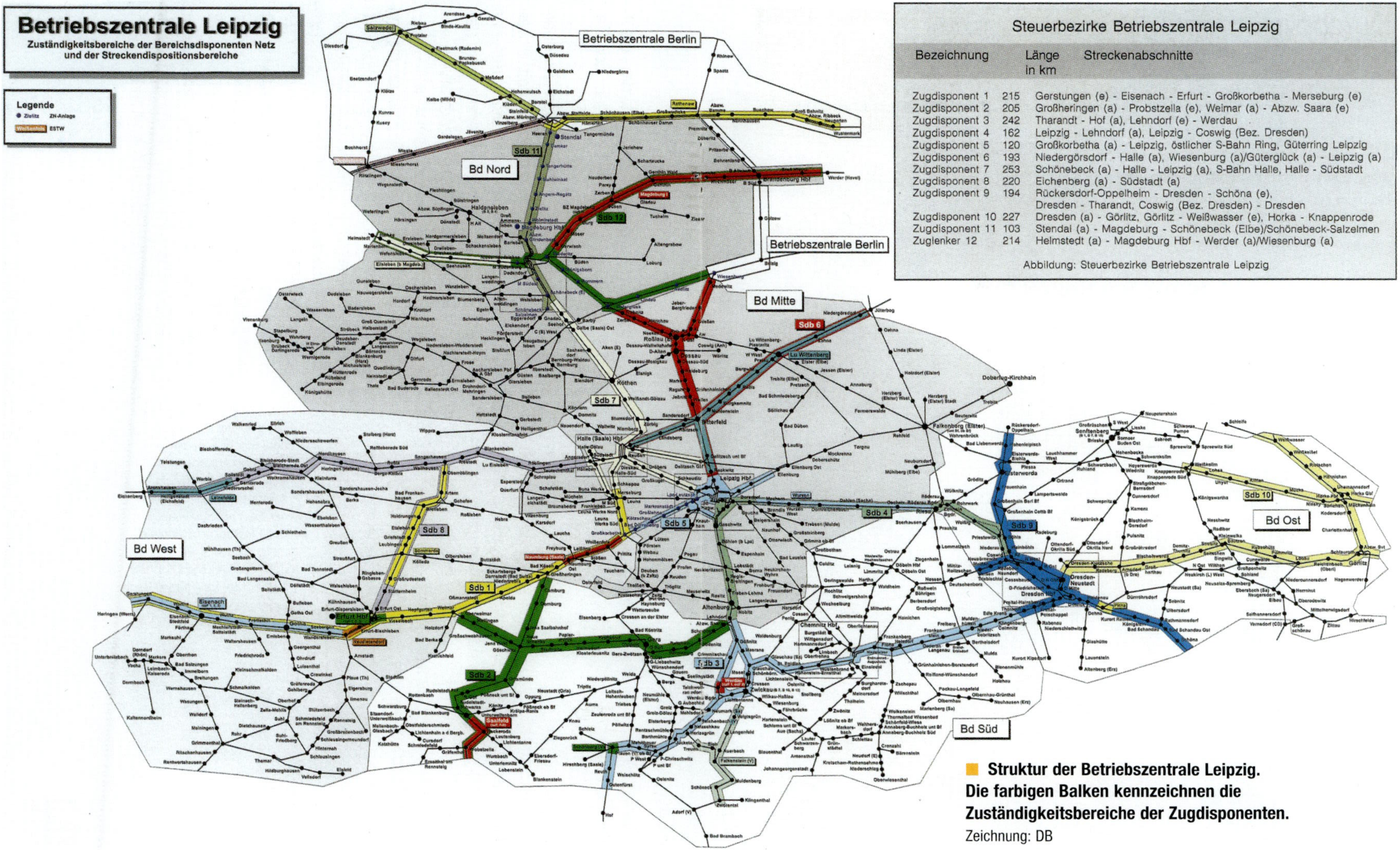

Steuerbezirke Betriebszentrale Leipzig

Bezeichnung	Länge in km	Streckenabschnitte
Zugdisponent 1	215	Gerstungen (e) - Eisenach - Erfurt - Großkorbetha - Merseburg (e)
Zugdisponent 2	205	Großheringen (a) - Probstzella (e), Weimar (a) - Abzw. Saara (e)
Zugdisponent 3	242	Tharandt - Hof (a), Lehndorf (e) - Werdau
Zugdisponent 4	162	Leipzig - Lehndorf (a), Leipzig - Coswig (Bez. Dresden)
Zugdisponent 5	120	Großkorbetha (a) - Leipzig, östlicher S-Bahn Ring, Güterring Leipzig
Zugdisponent 6	193	Niedergörsdorf - Halle (a), Wiesenburg (a)/Güterglück (a) - Leipzig (a)
Zugdisponent 7	253	Schönebeck (a) - Halle - Leipzig (a), S-Bahn Halle, Halle - Südstadt
Zugdisponent 8	220	Eichenberg (a) - Südstadt (a)
Zugdisponent 9	194	Rückersdorf-Oppelheim - Dresden - Schöna (e), Dresden - Tharandt, Coswig (Bez. Dresden) - Dresden
Zugdisponent 10	227	Dresden (a) - Görlitz, Görlitz - Weißwasser (e), Horka - Knappenrode
Zugdisponent 11	103	Stendal (a) - Magdeburg - Schönebeck (Elbe)/Schönebeck-Salzelmen
Zuglenker 12	214	Helmstedt (a) - Magdeburg Hbf - Werder (a)/Wiesenburg (a)

Abbildung: Steuerbezirke Betriebszentrale Leipzig

Struktur der Betriebszentrale Leipzig. Die farbigen Balken kennzeichnen die Zuständigkeitsbereiche der Zugdisponenten.

Zeichnung: DB

Der örtlich zuständige Fahrdienstleiter in der Betriebszentrale sieht nicht mehr aus dem Fenster, sondern auf die Monitore. Foto: Siemens

9. und 10. Oktober 1999 in Karlsruhe, am 27. und 28. November 1999 Leipzig und 2001 in München. Die Magdeburger Betriebszentrale hingen blieb ein Pilotprojekt[3].

Mit den Betriebszentralen ist der betrieblich ideale Zustand erreicht, sowohl die Steuerungs- als auch die Überwachungs- bzw. Dispositionsaufgaben an einem Ort und in einer Hand zu haben und somit schnell auf Abweichungen vom geplanten Ablauf reagieren zu können. Jede Unterzentrale erhält eine Zugnummernmeldeanlage und einen Zuglenkrechner. Er lädt aus der Betriebszentrale automatisch einen Zuglenkplan herunter, stellt selbsttätig die Fahrstraßen ein, sodass im Regelbetrieb kein Personal für die Bedienung des Stellwerks erforderlich ist.

Die Betriebszentrale ist in drei Ebenen organisiert:

- Netzdisposition
- Streckendisposition
- Steuerebene.

Räumlich gesehen, sind die Mitarbeiter der Streckendisposition und der Steuerebene (das sind die Fahrdienstleiter bzw. Zuglenker) im Großraumbüros unmittelbar beieinander, sodass bei Abweichungen vom Fahrplan durch Zuruf von Tisch zu Tisch entschieden werden kann.

3 Sie wurde nicht mehr Betriebs-, sondern Dispositions- und Steuerzentrale bezeichnet und von 2003 an in die Betriebszentrale Leipzig verlegt.

Ideal für die Betriebszentralen wäre es, die Deutsche Bahn AG könnte mit neuer Steuerungs- und Leittechnik alte, abgängige Technik schlagartig ersetzen. Das ist aber aus Kosten- und Kapazitätsgründen nicht möglich. Die heterogene Ausrüstung der Strecken und Knoten mit verschiedensten Bauarten von Stellwerkstechnik verzögert die Komplettierung der Betriebszentralen. Zumindest die Relaisstellwerke mit langen Restnutzungszeiten sollen in die »stellwerkstechnische Infrastrukturbasis« der Betriebszentralen eingebunden werden. Dazu muss eine so genannte Unterstation, das heißt, Stellwerksanpassung mit Bedienanpassrechnern, auf die klassische Stellwerksfunktion aufgesetzt werden, sodass keine oder nur wenig Eingriffe in die bestehenden Sicherungseinheiten notwendig sind. Wenn die Relaisstellwerke mit Zugnummernanlagen ausgerüstet sind, wird der Betriebszentrale die lückenlose Disposition ermöglicht, nicht aber der direkte operative Eingriff in den Betriebsablauf.

Die Umstellung der bisherigen Stellwerksstrukturen auf das Konzept der Betriebszentralen wird sich bis in die Jahre 2005 bis 2010 hinziehen.

Bei der Betriebszentrale Berlin waren im Oktober 2000 als so genannte Steuerbereiche erst je zwei Fahrdienstleiter für Berlin Ostbahnhof und Genshagener Heide sowie ein Fahrdienstleiter für Fürstenwalde (Spree), aber sämtliche Streckendisponenten (künftig Zuglenker genannt) tätig. Von 4440 km Betriebslänge in der Niederlassung Ost werden 2600 km überwacht. Die Bezirke der Streckendisponenten sind mit dem der Niederlassung Ost identisch, jedoch mit der Ausnahme, dass die Hochgeschwindigkeitsstrecke Berlin–Oebisfelde von Berlin disponiert wird, aber zur in Leipzig ansässigen Niederlassung Südost gehört.

Neben dem Streckendisponenten V, der die Strecken Berlin–Frankfurt (Oder)–Guben–Cottbus und Berlin–Lübbenau–Cottbus überwacht, saß der Fahrdienstleiter Fürstenwalde (Spree). Zu ihm gesellen sich künftig die Fahrdienstleiter Berlin-Rummelsburg, Frankfurt (Oder) und Cottbus. Damit wird deutlich, welche Einsparung an Arbeitsplätzen mit der Betriebszentrale einher geht, da es die Vielzahl von Fahrdienstleitern – für jeden Bahnhof und jede Abzweigstelle mindestens einen – nicht mehr gibt.

Dass Fahrdienstleiter Bahnhöfe und Abzweigstellen fernsteuern, ist nichts Neues, bei der Deutschen Bundesbahn war das ganz üblich, bei der Deutschen Reichsbahn war die Fernsteuerung die Ausnahme. In der Betriebszentrale sind aber immer mehr Fahrdienstleiter weit entfernt von ihrem Objekt, z.B. sitzt der für Bremen örtlich zuständige Fahrdienstleiter seit dem 14. September 1999 in Hannover, der für Görlitz seit dem 29. Juni 2000 in Leipzig.

Die »Verwaltung« großer Bezirke setzt technische Mittel voraus, soll sie beherrschbar sein. Der wichtigste Schritt zur Automatisierung des Zugbetriebs sind lückenlose Zuglaufverfolgung – Züge werden von Messpunkten am Gleis erfasst und diese Daten kontinuierlich zu den Rechnern der Betriebszentrale übertragen – und die Zuglenkung. Sie entbindet den Fahrdienstleiter von immer wiederkehrenden Tätigkeiten, zum Beispiel der Fahrstraßeneinstellung. Die Zuglenkung wurde bei der Bundesbahn erstmals im Zentralstellwerk von Frankfurt (Main) Hbf angewandt. Dort musste noch in der Zugnummernmeldeanlage jeder Zugnummer eine bestimmte Kennziffer vorangestellt werden, damit das Relaisstellwerk dem Zug das richtige Gleis einstellte.

In der elektronisch arbeitenden Betriebszentrale korrespondiert die Zugnummer mit dem Zuglenkplan, der in etwa der bisherigen Bahnhofsfahrordnung entspricht. Im Zuglenkplan wird der komplette Fahrweg jeden Zuges durch den Zuglenkbereich beschrieben. Der beste Zeitpunkt zum Einstellen der Zugstraße kann zug- oder fahrstraßenorientiert sein, um das »Zufahren« eines Bahnhofskopfes zu verhindern. Bahnt sich im Fahrstraßenvorlauf eine Konfliktsituation an, so erkennt das die Vorprüfung und zeigt das dem Bediener an.

Die Zuglenkung bedient auch die Fahrgastinformationsanlagen. Diese wie die Fahrstromeinrichtung und Überwachungseinrichtungen für Fernwirkanlagen, Fernsehüberwachung, Heißläuferortung oder Windmesseinrichtungen sind technische Einrichtungen zur Unterstützung der Betriebszentrale.

Beim Streckendisponenten erscheinen auf dem Bildschirm die Grafik des Streckenbezirks und als farbige Linien die Züge, soweit ihre Fahrstraße freigegeben ist (dunkelrot Regionalverkehr, hellrot Fernverkehr, grün Güterzug, blau Sonderzug). Dicke Linien sind Linksfahrten, fünf Mal die 000 angezeigt heißt: Gleis gesperrt. Das Kästchen mit der Zugnummern wandert mit und trägt die 0, wenn der Zug planmäßig fährt, andere Ziffern, wenn er »vor Plan« ist oder mit invertierten Ziffern mit den Minuten der Verspätung.

Die Grafik des Streckenbezirks reicht über den des Disponenten hinaus, zum Beispiel in Berlin bis Schwarzenbek, kurz vor Hamburg Hbf, statt nur bis Hagenow Land, sodass der Disponent, ohne rückfragen zu müssen, über den Zulauf der Züge informiert ist.

Ein zweiter Monitor stellt das Weg-Zeit-Diagramm dar, wie wir es vom Bildfahrplan oder vom »Belegblatt für Zugarbeit« der früheren DR-Dispatcherleitung kennen. Eine Querlinie ist in der jeweiligen Minute gezogen, darüber erscheinen die Linien der Züge, wie sie tatsächlich gefahren sind, auch wieder mit der Angabe von Verspätung neben der Zugnummer. Unter der Minutenlinie erscheint der »Zukunftsbereich« oder dispositive Bereich. Der Computer zeigt dem Betrachter die Zuglinien entsprechend dem bisherigen tatsächlichen Zuglauf. Bei Verspätungen kommt es vor, dass sich in einem Abschnitt vier oder sechs Linien bündeln, obwohl nur zwei Gleise vorhanden sind, weil – wäre das technisch möglich – die verspäteten mit den pünktlichen Zügen zusammenträfen.

Der Disponent erkennt zeitig, wo und wie er eingreifen muss, um solches Linienbündel zu entwirren. Er wird die Rangfolge der Züge in diesem Abschnitt neu bestimmen. Mithilfe der Maus kann er auf einem weiteren Monitor eine Tabelle mit den zugbezogenen Daten aufrufen und sich vergewissern, auf welcher Betriebsstelle der Zug aus welchem Grund sich um wieviel Minuten verspätete. Die Betriebszentrale erfasst Strecken und deren Verknüpfungen und nicht die übrigen Bahnhofsanlagen der Zugbildung oder Zugauflösungen. Der klassische Rangierbahnhof ist von der Betriebszentrale abgehängt.

8. Das Bauwerk: Zur Architektur der Stellwerke

Zuerst sei erklärt, dass der Techniker unter dem Stellwerk die Anlage versteht, mit deren Hilfe die Weichen und Signale gestellt werden bzw. die Abhängigkeit zwischen ihnen hergestellt wird. Der Eisenbahner sieht das Stellwerk auch als »Betriebsstelle«. Umgangssprachlich wird aber das Bauwerk als Stellwerk bezeichnet, in dem sich diese Betriebsstelle mit den Eisenbahnern und den technischen Anlagen befindet.

Solche Bauten entstanden zunächst als reine Zweckbauten, mitunter sehr einfach in Holzhütten und ohne auf Baukunst und -traditionen Rücksicht zu nehmen. Meist genügte es, den hölzernen Aufbau des Stellwerkhauses auf einen gemauerten Sockel zu stellen. »Buden« nannte man bei den preußischen Eisenbahnen jene Häuschen, deren Fußboden nur wenig über der Schienenhöhe lag. Die höher gelegenen Stellwerke hingegen wurden als Stellwerkstürme bezeichnet.

Die Bezeichnungen der Stellwerk war bei den Bahnen höchst unterschiedlich. Den »Turm« fin-

Das Stellwerk A in Werdau (Sachs) ist ein für Sachsen typisches Stellwerksgebäude; der Fußboden liegt immerhin über der Schienenoberkante (1995). Foto: Preuß

»B 1« in Plauen (Vogtl) unt Bf (2001): Es gehört zu den Typenbauten der Königlich Sächsischen Staatseisenbahnen. Foto: Preuß

den wir in den Abkürzungen wieder, wie »Not« für Nauen Ostturm oder »Nwt« für Neugarten Westturm. Die Sachsen nummerierten ihre »Stellereien« durch. Einfache Anlagen waren die Posten. Die Deutsche Reichsbahn wollte eine einheitliche Bezeichnung, indem sie auf dem Bahnhof die Stellwerke entsprechend der Streckenkilometrierung durchnummerierte und vor jede Nummer einen Buchstaben setzte, der die Funktion des Stellwerks anzeigte: »W 1« für Wärterstellwerk 1, »B 2« für Befehlsstellwerk 2, »R 3« für Rangierstellwerk 3.

Trotzdem blieben auf vielen Bahnhöfen die alten Bezeichnungen, weil man den Aufwand für die notwendige Änderung der Unterlagen scheute. Der Berliner Raum kannte für Block- und Abzweigstellen einprägsame Namen, wie Stadtforst oder Grabensprung. Durchgesetzt haben sich jedoch die telegrafischen Abkürzungen, die Außenstehenden unverständlich blieben, wie z.B. »Sst« (Stadtforst Süd Trennung), »Ako« (Abzweigstelle Karow Ost), »Agdn« (Abzweigstelle Glasower Damm Nord). Wo der Bahnhof nur noch ein Zentralstellwerk besitzt, bezeichnete es die Reichsbahn als »B 1«. Die Bundesbahn kombinierte den ersten Buchstaben des Bahnhofsna-

Das Stellwerk »R 8« des Bahnhofs Berlin-Lichtenberg ist ein Bau nach preußischen Grundsätzen: massives Erdgeschoss und aufgesetztes Stahlgerüst, in das gerade die Fenster passen (1995). Der Zugang ist eine Zutat aus jüngerer Zeit. Foto: Preuß

Voller Überblick bei dem von Brademann entworfenen Stellwerk »Not«, heute »Swo«, vom Bahnhof Berlin-Schöneweide (1995): Das viergeschossige Turmstellwerk ist durch einen Steg mit dem Bahndamm an der S-Bahn-Strecke nach Spindlersfeld verbunden. Der hohe Unterbau wurde allerdings nicht wegen der Sicht auf die Gleise geschaffen, sondern um Räume für andere Dienststellen auf engstem Raum unterzubringen. Foto: Preuß

Mindestens 4 m über der Schienenoberkante und obendrein ein Balkon: »Hs« in Hagenow Land (1991).
Foto: Weddern

mens mit dem Buchstaben »f«, so »Hf« für Heidelberg Fahrdienstleiter.

Zum Bauwerk: Den preußischen Eisenbahningenieuren des 19. Jahrhunderts war die technische Perfektion des Innenlebens wichtiger als prunkvolle Stellwerke in einer Zeit, als jedes Rathaus, jede Kaserne, jedes Empfangsgebäude einer Trutzburg mit Türmen, Zinnen und Söllern gleichen musste. Das Stellwerk stand im Hinterhof, und da konnte es schlicht bleiben. Nur wo das Stellwerk von der Öffentlichkeit gesehen werden konnte, waren die Hochbau-Ingenieure auf ein ansprechendes Äußeres bedacht.

Als durch den zwei- und mehrgleisigen Ausbau der Strecken und die Verdichtung des Zugverkehrs dem in einer Bude oder auf einem Posten tätige Wärter die Sicht auf die Gleise und Weichen genommen wurde – wenn ein Zug vorüberfuhr, konnte er weder den Fahrweg prüfen noch das Zugschlusssignal anderer Züge in seinem Bezirk feststellen und auch wegen der fehlenden Sicht nicht zum Rangieren die Weichen stellen – musste die Bauform geändert werden. Beim eingleisigen Betrieb konnte er mit seinen Tätigkeiten warten, bis der Zug ein- oder ausgefahren war, bei mehrgleisigem Betrieb musste ihm die Sicht auf die Gleise gegeben werden. Da half nur eines: Den Bedienerraum hochzulegen. Der Fußboden musste mindestens 4 m über der Schienenoberkante liegen, was möglich war, weil im mechanischen Stellwerk die Innen-Spannwerke ihre Bauhöhe verlangten.

Die Vorgabe für den Stellwerksraum lautete: Rings um die Hebelbank muss 1,5 m freier Raum sein, damit sich das Bedienungs-, aber auch das Instandhaltungspersonal bewegen kann. Außerdem war Platz für den etwa 60 x 95 cm großen Tisch des Morsefernschreibers, für Fernsprecher, einen Schrank mit den Batterieelementen und einen Kabelschrank vorzusehen. Ofenheizung war wegen der Verschmutzung der feinmechanischen oder elektrischen Teile nicht zweckmäßig.

Den größten Teil des Untergeschosses von mechanischen Stellwerken nahm der Spannwerksraum ein. Von ihm abgetrennt waren die Räume für die Zentralheizung, Kohlen, Lampen, Öl und die Toilette. Mitunter befand sich die Toilette auch in Höhe des Stellwerksraumes, damit der Bediener bei Verrichtung der Notdurft nicht zu lange abwesend war.

Der Wärter hatte, wenn er die Hebel bediente, seinen Platz meist zwischen dem Hebelwerk und

Bis zu seinem Abriss 2001 war »B 7« von Berlin Ostbahnhof, früher »At« bzw. »Schga«, das älteste Stellwerk von Berlin (1995). Im Entwurf zum Bauantrag 1906 war es mit vielen Elementen des Jugendstils und einer eisernen, freistehenden Wendeltreppe versehen. Die Ausführung fiel dann etwas nüchterner aus. Foto: Preuß

der den Gleisen zugewandten Längsseite des Stellwerks. Die Länge des Gebäudes richtete sich nach dem Hebel- und dem Blockwerk. Allgemein wurden 3 m bis 3,5 m, bei sehr großen Stellwerken 3,5 m bis 4 m Tiefe als notwendig erachtet. Daraus ergab sich die rechteckige Grundform des Stellwerks.

Es sollte einen Überblick über die Betriebsanlagen verschaffen und musste daher möglichst zwischen den Gleisen stehen, wofür oft der Platz fehlte. Entweder sah man dann den Standort seitlich der Gleisanlagen vor und schuf dem Wärter durch Erker bessere Sicht, oder man errichtete das Stellwerk mitten im Gleisfeld als Turm oder Stielbau. Die Stütze hatte dann die Treppe aufzunehmen.

Große Aufmerksamkeit wurde den Fenstern gewidmet. Dem stand entgegen, dass Wandflächen verloren gingen, um Fernsprecher anzubringen und Schränke aufzustellen. Die spätere Rundumverglasung der Gleisbildstellwerke führte zu Schwierigkeiten, indem nicht einmal die Merktafel[1] Platz fand und sich der Stellwerksraum im Winter ungenügend, im Sommer unerträglich erwärmte. Weit nach unten geführte Fenster wur-

1 An die Merktafel wurden Sonderzüge, der Ausfall von Zügen und andere betriebliche Besonderheiten des jeweiligen Tages geschrieben. Wegen der Unmöglichkeit, sie auf einigen Gleisbildstellwerke anzubringen, war sie bei der Reichsbahn nicht mehr zwingend vorgeschrieben.

Seitlicher Platz für das 1934 in Betrieb genommene und 1983 stillgelegte Stellwerk der Einheitsarchitektur mit Flachdach (1975). Foto: Wiesmüller

Landschaftsgebundene Architektur in Bad Ems (1996).
Foto: Preuß

den vorgesehen, wenn die Gleise ganz in der Nähe des Stellwerksbaus lagen. Fenstersprossen in Augenhöhe des Wärters und Licht brechende Scheiben sollten vermieden werden. Der Stellwerksturm sollte so aufgestellt werden, dass der Wärter die Blickrichtung nach Norden hatte, um möglichst wenig in die Sonne sehen zu müssen.

Als durch die elektromechanische Bauform die ersten Reiterstellwerke möglich waren mit Fenstern in den gegenüberliegenden Längswänden, klagten die Wärter bald, dass sich in einem Teil der Fenster die gesamte weitere Umgebung spiegelte. Der Wärter konnte von seinem Standort nicht sicher erkennen, auf welcher Seite des Stellwerks die Rangierfahrten stattfanden. Er musste daher stets die Fenster öffnen. Auf dem Bahnhof Saarbrücken waren 1914 spiegelungsfreie Fenster nach dem Patent der Firma Hönemann erprobt, aber verworfen worden. Sie waren auch zu teuer. Diese Fenster waren dreigeteilt, der mittlere Flügel in der Mitte waagerecht geteilt. Auch das von Haase auf dem Bahnhof Hohenhudberg erprobte Muster musste verworfen werden. In Celle, Senftenberg, in der Reichsbahndirektion Essen und in Bayern hatten die Versuche eines gemeinsam: Die Schrägstellung der Fenster oder einzelner Flügel, wenn auch mit verschiedenen Neigungen zwischen 1 : 4 und 1 : 25. Nach außen geneigte Fenster brachten keine Verbesserung, das Spiegelbild der rückwärtigen Gegenstände – beispielsweise der Hebelbank – wanderte lediglich nach unten, wo der Wärter das Gleisfeld sehen sollte.

Am besten erwiesen sich die mit der Oberkante nach innen geneigten Fenster, wanderte doch das Spiegelbild des Stellwerksinneren nach oben aus dem Gesichtsfeld des Bedieners heraus. Lediglich abgelagerter Schnee und Schmutz erwiesen sich als störend. Wie das bei derartigen Versuchen üblich ist, entschieden sich trotzdem zwei Reichsbahndirektionen für die nach außen geneigten Fenster, wie wir sie heute noch bei Gleisbildstellwerken sehen. Auch über das Maß der Neigung gingen die Meinungen auseinander.

Bei Dunkelheit sollte der Wärter einerseits die Außenanlagen und die Signale gut sehen, andererseits im Stellwerksraum die Hebel gut erkennen können. Von einem hell beleuchteten Raum

Reiterstellwerk »Hg 9« in Halle Gbf (2000). Foto: Preuß

können die Augen beim Blick ins dunkle Gleisfeld nicht schnell genug adaptieren. Der Hauptnachteil der bis in die 20er-Jahre üblichen offenen Beleuchtung lag in dem Missverhältnis zwischen der Flächenhelle im Stellwerk und der Außenhelligkeit. Man half sich schließlich – erprobt im Reichsbahndirektionsbezirk Ludwigshafen – durch abgeblendete Leuchten, die nur durch einen Spalt Licht warfen, sodass nur die Schilder der Hebel und des Blockwerks angestrahlt, vielleicht noch das Pult am Fernsprecher, die Uhr und die Merktafel beleuchtet wurden, alles Übrige aber verdunkelt blieb. Das Licht sollte matt und zerstreut sein. Hinzu kamen weitere Möglichkeiten, das Blenden der Bediener oder Spiegelungen in den Fenstern zu vermeiden, insbesondere durch die indirekte Beleuchtung, mit der 1933 erste Versuche auf dem Stellwerk 3/4 in Löbau (Sachs) und dem Stellwerk 7 in Dresden Hbf angestellt wurden.

Die Gruppenverwaltung Bayern der Deutschen Reichsbahn verfügte seinerzeit:

1. Alle Anschriften müssen gut beleuchtet sein. Es empfiehlt sich, die Anschriften nicht schwarz auf weiß Email, sondern weiß auf schwarz Email auszuführen.
2. Die Augen des Wärters dürfen von direktem Licht überhaupt nicht und von Streulicht nur wenig getroffen werden.
3. Es darf kein direktes Licht und nur wenig Streulicht auf die den Gleisen und Signalen zugekehrten Fenster des Raumes fallen.
4. Es soll möglichst wenig direktes Licht auf Decke und Fußboden des Raumes fallen; Streulicht ist auch hier tunlichst einzuschränken.
5. Die Leuchten sollen in ihrer Streubreite der Länge des Hebels oder Blockwerks angepasst sein. Das Gleiche gilt auch für die Beleuchtung des Fernsprechbuches.

Schließlich beschäftigte sich diese Verfügung mit der Wandfarbe, die dunkelgrün oder dunkelblau matt sein sollte. In Preußen hatten sich angeblich Stellwerksräume mit einem dunklen Anstrich in »kaffeebrauner Farbe, die mit rehbraun überwickelt ist« gut bewährt. Die Reichsbahn empfahl Ende der 20er-Jahre einen hellen Deckenanstrich, für die Wände Grün und Gold-

Die Reichsbahndirektion Dresden erprobte erstmals auf diesem Stellwerk in Löbau – früher 3/4 – die indirekte Beleuchtung (1973). Foto: Preuß

ocker; Dunkelbraun wurde als unfreundlich abgelehnt.

Spätere Generationen sahen die Stellwerksräume lieber hell gestrichen. Die Verbreitung der Drucktastenstellwerke bei der Bundesbahn machte Mitte der 50er-Jahre Untersuchungen notwendig, um zu ermitteln, wie die Fenster ausgebildet und die Raumhelligkeit sein sollten, um dem Personal optimale Sichtverhältnisse zu bieten, war es doch in größeren Stellwerksräumen nicht mehr möglich, allein – gleich den Hebelschildern der mechanischen Stellwerke – die Tasten der Stelltische anzuleuchten. Vielmehr war eine allgemeine Raumbeleuchtung notwendig. Im Bereich der Stelltische ist eine gewisse Helligkeit erforderlich, um das Gleisbild, die Tasten und die Beschriftungen erkennen zu können. Wo die großen Stelltafeln aufgestellt waren, kam es auf eine dezente Beleuchtung an, die durch Vorhänge und die Anordnung von Lichtquellen in verdeckten Deckenschlitzen erreicht wird, deren Lichtstärke gedrosselt werden kann.

Alle diese Lichtquellen spiegeln sich jedoch in den Fensterscheiben und erschweren nicht nur den Blick nach draußen, sondern können den Stelltischbediener stören, behindern, verwirren und sogar täuschen. Günstig gegen solche Spiegelungen im Fenster, so die Untersuchung, sind halbkreisförmige und halbelliptische Formen der Fensterwand. Der Raum des am 1. Januar 1960 in Betrieb genommenen Stellwerks von Bruchsal erhielt einen halbelliptischen Grundriss. Die Fenster waren um 14° nach innen geneigt, der Fenstersturz war tief angeordnet. Halbkreisförmig wurde der Stelltischraum des Stellwerks »Vpf« in Wuppertal-Vohwinkel 1962/1963 gebaut. Die empfohlene kreisförmige oder halbelliptische Form der Fensterwand ließ sich nicht immer umsetzen. Dann sollten die Fenster wenigstens schräg gestellt werden. Das Stellwerk 3 des Bahnhofs Heidelberg (Baujahr 1955) erhielt nach innen um 10° geneigte Fenster. Hingegen um 19° nach außen geneigt waren die Fenster des niedrigen Stellwerks von Karlsruhe-Durlach, eines Vorbau am Empfangsgebäude mit trapezförmigem Grundriss.

Um sich vor den flach einfallenden Sonnenstrahlen zu schützen, wurden die Fensterflächen nur so hoch wie nötig angelegt und auf ein Maß kurz über der Augenhöhe des stehenden Bedieners begrenzt.

Saß der Bediener, konnte er trotzdem von der Sonne geblendet werden. Dann waren Jalousien vorzusehen. In Höhe der Fensteroberkante wurde – wie bereits bei früheren Stellwerken – die Einstrahlung der nicht so steil stehenden Sonne durch einen horizontal auskragenden Sonnenschutz von den Fensterflächen möglichst ferngehalten. Solche Blenden bildeten zunächst den Abschluss der Gebäudekonstruktion, wurden dann aber durch Metall oder Kunststoff ersetzt. Diese Lösung war auch deshalb zweckmäßig, weil sich oft erst nach Inbetriebnahme des Stellwerks herausstellte, inwiefern die Sonneneinstrahlung stört. Je weniger der Blick nach draußen als notwendig erachtet wurde, desto weniger blendete man das Licht ab.

Die Ausführungen sind in der Vergangenheit geschrieben, treffen aber auch auf die elektronischen Stellwerke und Betriebszentralen zu. In diesen wird aber das gedämpfte Licht benutzt, um die Monitore gut beobachten zu können.

Das Bild vom Stellwerk veränderten nachhaltig die Kraftstellwerke. Es wurde als Stahlbau wie die Signalbrücken entworfen, ummantelt von Beton und mit viel Glas für breite Fensterflächen. Sehr harmonisch wirkten die bis 1928 gebauten Stellwerke in Erfurt Hbf. Bei den elektromechanischen Stellwerken, die keine Drahtzüge und Spannwerke brauchten, sondern nur Kabel, konnten die Stützen feingliedriger ausfallen. Jetzt konnte das Stellwerk auch quer aufgestellt werden. Der Typ des Reiterstellwerks war geboren. Daneben gab es eine Anzahl von kuriosen Stellwerksstandorten, die in andere Bauwerke eingefügt werden mussten, weil anderswo der Platz fehlte: im Wasserturm, auf dem Dach des Empfangsgebäudes, in Wohn- und Dienstgebäuden

Auf vielen Bahnhöfen war das Stellwerk eine Dominante in den Gleisanlagen, neben den Bahnsteigen, im Blick des Reisepublikums. Zwar wussten die wenigsten von ihnen, was im Innern vorging, aber sie begriffen es als Zentrale des Zugverkehrs, als Zentrum des Bahnbetriebs. Dementsprechend war es schon angebracht, architektonische Grundsätze auch beim Stellwerk anzuwenden und auf ein ansprechendes Äußeres, wenn nicht sogar auf Wirkung bedacht zu sein. Dagegen stand die frühere Auffassung, dass das Stellwerk ohnehin nach kurzer Frist wieder beseitigt werden musste, weil bei Bahnhofserweiterungen der Platz benötigt wurde. Im Roell von 1921 steht: *»Ein massiver Unterbau mit Fachwerkaufbau, der, wo die klimatischen Verhältnisse es erwünscht erscheinen lassen, mit Holz oder Schiefer bekleidet wird, gibt im allgemeinen die ansprechendste und zweckdienlichste Lösung.«* Das gemauerte Untergeschoss und das Holzfachwerk im Obergeschoss – diese Bauart entsprach dem Grundsatz des kurzlebigen Bauwerks – wurde vielfach ausgeführt. Oft bildete ein mit Ziegelmauerwerk ausgefüllter Stahlrahmen das Fachwerk.

Diese Bauweise konnte auch leicht allen Bedingungen nach Länge und Breite angepasst werden. Typisch war die freie Außentreppe. Neben solchen einfachen Zweckbauten finden wir die andere Stilrichtung, die des der Landschaft angepassten Hochbaus, vom Bahnwärterhaus bis zum Empfangsgebäude. Die Stellwerke ähnelten bereits Wohnhäusern. Kennzeichnend sind die hohen Ziegeldächer.

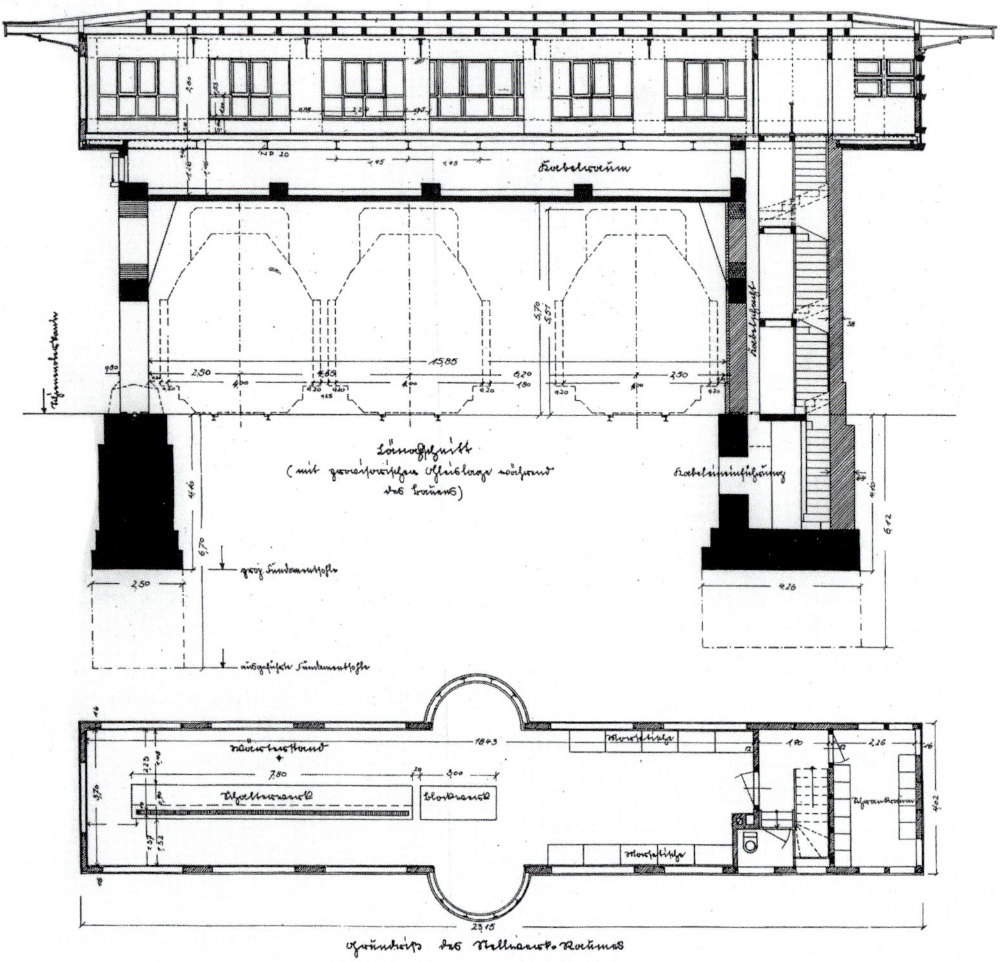

Reiterstellwerk »Er« in Erfurt Hbf, Zustand 1994 und Grundriss von 1928.
Abbildungen: Verkehrstechnische Woche (Berlin, 1928), Preuß

■ **Zugang zum Stellwerk auf der einen Seite, filigrane Abstützung auf der anderen; beim elektromechanischen Stellwerk spielte der Platz zwischen den Gleisen kaum eine Rolle, Berlin-Charlottenburg (1995) und Bingen (Rhein) Stadt (1995).** Foto: Preuß

Provisorien halten sich bekanntlich am längsten, und so finden wir auf Bahnanlagen neben Einfachem das Schöne. Einheitliche Bahnhofsensemble sind eher die Ausnahme, denn die technischen Veränderungen führten im Laufe der Jahre zu Anbauten und Erneuerungen, weshalb wir auf einigen Bahnhöfen einen Mischmasch der unterschiedlichsten Bauformen und -stile finden. Oft vertrat man die Ansicht, dass Zweckbauten wie die Stellwerke keine Gestaltung und Anpassung an andere Gebäude bedürften.

Das Konglomerat verschiedenster Baustile lag auch an der technischen Entwicklung in der Stellwerkstechnik. Meist genügte es, nur ein Stellwerk zu erneuern und nicht sämtliche Gebäude eines Bahnhofs zu verändern. Ein örtlicher Baubetrieb erhielt den Auftrag, die Bauhülle zu errichten – die Pläne kamen von den Hochbauabteilungen der jeweiligen Direktion. Sie entsprachen mehr oder weniger dem neuesten Stand, der technischen Einrichtung und dem Zweck des Stellwerks.

Man kann sich auch täuschen: Das 1935 in Betrieb genommene Vierreihen-Stellwerk »Hw« auf dem Hamburger Hauptgüterbahnhof erweckte den Eindruck, in ihm gäbe es ein Spannwerk (1975). Foto: Wiesmüller

Trotzdem gab es immer wieder Bestrebungen, die Stellwerksbauten zu typisieren. Den ersten Versuch machte die Preußische Staatsbahn 1893 mit der Anweisung »Entwerfen von Eisenbahnstationen mit besonderer Berücksichtigung der Stellwerke«, die 1905 erneuert worden ist und in folgenden Teilen die wesentlichsten Abweichungen zur 1893er-Ausgabe enthielt:

Teil II C Anordnung der Stellwerke,
D Bauliche Einrichtung der Stellwerke,
E Darstellung der Stellwerksentwürfe.

Teil II C bestimmte auch die *»möglichste Einschränkung der Blockabhängigkeiten«*, indem der Fahrdienstleiter seinen Platz auf einem Stellwerk und nicht – wie in Sachsen – in einer besonderen Befehlsstelle erhielt.

Das Stellwerk Berlin Greifswalder Straße klebt förmlich an der Güterabfertigung (1995). Foto: Preuß

Das Stellwerk »B 2« von Berlin Hbf – heute Berlin Ostbahnhof – wurde in die Hallenschürze einbezogen (1994).
Foto: Preuß

Wie ein Balkon am Wasserturm – Darmstadt Hbf (1995).
Foto: Preuß

Oben: »Go« in Goslar: Die genietete Konstruktion des Stahlskeletts wurde geschickt in das historisch wirkende Gebäude einbezogen. Foto: Lohner

Rechts: »Mwt« von Berlin-Moabit im Wasserturm (2000). Foto: Preuß

Der Trend zur Standardisierung führte auch zu Vereinfachungen, indem man Ende der 20er-Jahre an Stelle der auskragenden Walmdächer Flachdächer verwendete. Den Schatten auf den Fensterflächen für das blendfreie Sehen des Bedieners lieferten jetzt Vordächer oder auskragende Dachplatten. Selbst bei solchen Mitteln gegen die Sonnenblendung musste der Grundsatz, das Stellwerk nach Norden auszurichten (was heute das Fotografieren erschwert) beachtet werden.

Ende der 20er-Jahre setzten sich in Deutschland die Neue Sachlichkeit und in den Hochbauabteilungen der Reichsbahndirektionen die Archi-

Das Eutiner Stellwerk musste so niedrig ausfallen, damit der Fahrdienstleiter durch die Straßenbrücke sehen kann (1996). Foto: Preuß

Keine Einheitsarchitektur in Bad Doberan, aber bereits das weit auskragende Walmdach (1995). Foto: Reiner Preuß

tekten gegenüber den »bloßen« Baumeistern durch. In Berlin hatte Richard Brademann Gelegenheit, anlässlich der »Großen Elektrisierung« 1924 bis 1928 für ein einheitliches Aussehen der Bahngebäude – vom Stellwerk bis zum Schalt- oder Gleichrichterwerk – zu sorgen. Sein erstes Bauwerk war das Stellwerk »Abf« vom Anhalter Bahnhof am Landwehrkanal, ein Steilbau mit wenig Grundfläche auf dem Uferstreifen des Kanals, glatten Flächen, rötlichem Edelputz und auskragendem Betriebsraum nach zwei Seiten. Die Neue Sachlichkeit kam durch die um die Gebäudeecken geführten Fensterbänder zum Ausdruck.

Betonte Brademann beim Stellwerk »Abf« mit dem Flachdach den Zweckbau, so finden wir bei anderen Stellwerken das traditionsgebundene Walmdach. Auch rote Klinker wurden, wie vorher

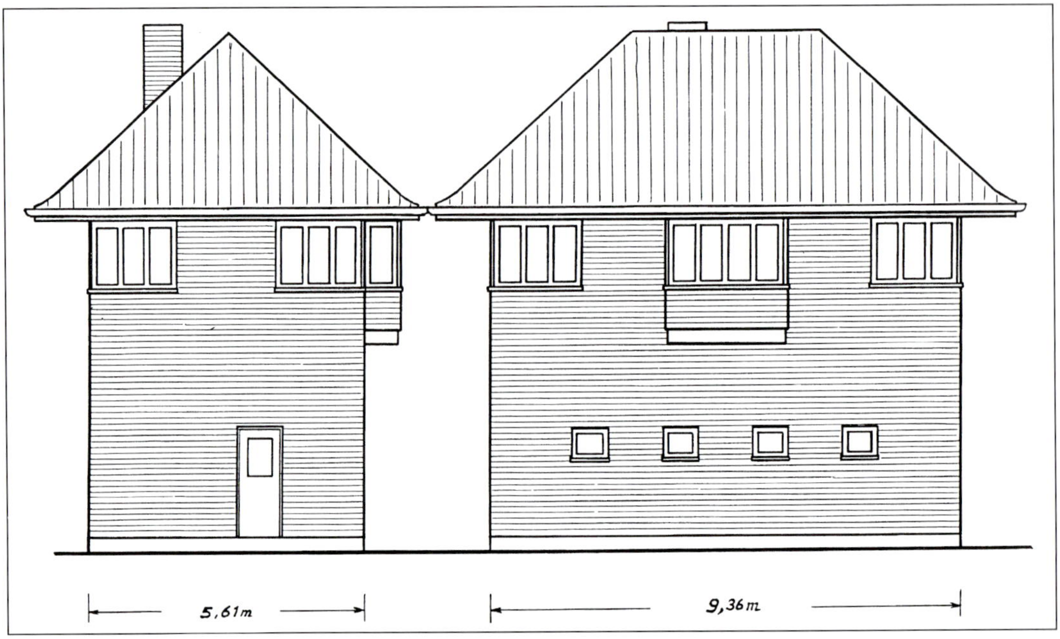

Einheits-Architektur beim Stellwerk »Def« in Deutsch-Evern. Zeichnung: Wiesmüller

Befehlsstellwerk in Dorndorf (Rhön): Die um die Ecken durchlaufenden Fenster sind das Kennzeichen der Einheits-Architektur (1994). Foto: Preuß

bei den Preußischen Staatseisenbahnen, angewendet, um den aggressiven Rauchgasen der Dampflokomotiven und der Verrußung der Fronten zu widerstehen. Um 1980 sollten die Keramikfliesen an Hallenser Stellwerken diesen Schutz bieten. Bis 1938 kam noch einmal der so genannte Heimatstil zum Zuge. Am nachhaltigsten finden wir ihn in den Empfangsgebäuden und Stellwerken der Müglitztalbahn Heidenau–Altenberg (Erzgeb). Verbreitet war aber auch eine Art Einheits-

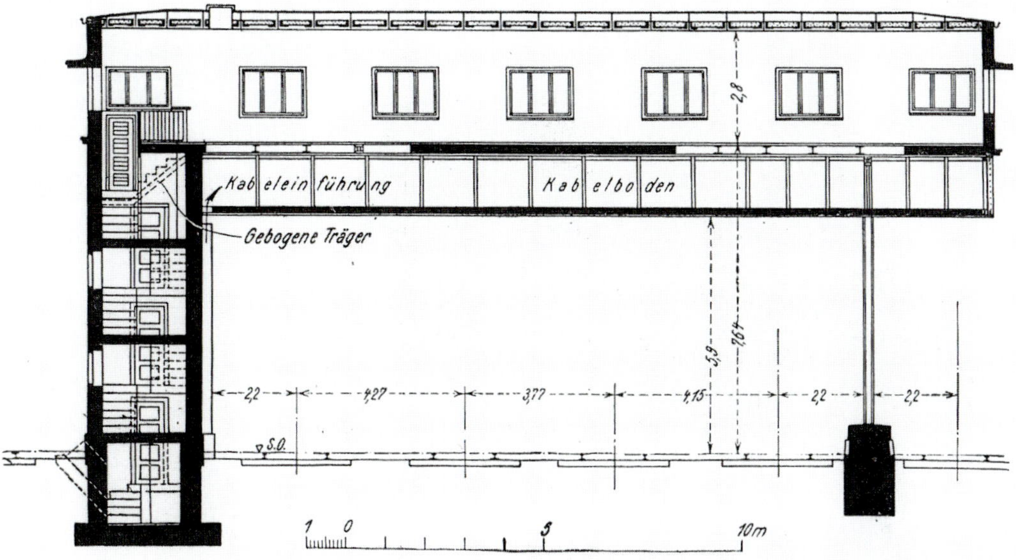

Der Dienstraum des 1928 in Betrieb genommenen Stellwerks »Chab« vom Bahnhof Berlin-Charlottenburg ruht auf zwei Vollwand-Stahlträgern mit Stahlstützen. Die Ziegelausfachung und das schmale Blendschutzdach sind typisch für diese Reiterstellwerke mit den Anklängen an die Neue Sachlichkeit. (Längsschnitt des Stellwerk). Zeichnung aus: Zentralblatt der Bauverwaltung 1928

1995 wurde dieser Stellwerksturm auf dem Bahnhof Westkreuz (Zustand 1994) abgerissen. Die markanten Brademann-Bauten, die im Zusammenhang mit der »Großen Elektrisierung« in Berlin errichtet wurden, fielen durch die hartgebrannten Klinker auf. Foto: Preuß

Dieses Behelfsstellwerk »Ho« musste in Holzwickede als Ersatz für das 1964 von einem Kranausleger zerstörte Reiterstellwerk aufgestellt werden (1976). Foto: Wiesmüller

Stellwerk »Sfm«, später »B 3« genannt, auf dem Bahnhof Salzwedel. Es ersetzte das durch einen Bombenangriff zerstörte Stellwerk. Unter den Wagenkasten kamen drei Schwellenstapel (1967). Foto: Slg. Erxlebe

hochbau mit Flachdach, wie z.B. in Hamburg-Neugraben, oder mit Spitz- bzw. Walmdach, wie in Deutsch-Evern, Pirmasens Nord, Wittstock (Dosse) oder Sohland (Spree).

Zu Beginn des Zweiten Weltkrieges fehlten Zeit und Material für Stellwerksneubauten. Beispielsweise wurde südlich und östlich Berlins der Güteraußenring Teltow–Schönefeld–Berlin-Grünau–Eichgestell-Grabensprung/Abzw Friedrichsfelde Ost vorangetrieben, der am 31. Dezember 1940 eröffnet worden ist. Wegen der Maxime, mit geringstem Aufwand zu bauen, wurden die Stellwerke als »Notlösungen« errichtet. »Egb« und »Egw« des Bahnhofs Eichgestell hielten sich 2002 immer noch.

1944 wurden die Zerstörungen der Bahnhöfen durch die Luftangriffe der Alliierten immer umfangreicher. Auch der größte Hersteller von Signal- und

Bis am 12. Oktober 1972 in Salzwedel das neue Stellwerk übergeben werden konnte, wurden die Wände um den Wagenkasten herum hochgezogen. Der Wagenkasten wurde abgerissen. Übrig blieb ein ästhetisch wenig befriedigender Baukörper, dessen Dach aus Wellasbest den schlechten Eindruck verstärkt (1994). Foto: Preuß

Mitten im Gewirr der Strecken steht das Zentralstellwerk Grünauer Kreuz (1992). Foto: Preuß

Sicherungstechnik, die VES in Berlin-Siemensstadt, wurde ausgeschaltet, als am 20. Januar 1944 das so genannte Blockwerk zerbombt wurde. Die Deutsche Reichsbahn stellte 168 Bauzüge zusammen, die vorrangig beschädigte Signal- und Fernmeldeeinrichtungen instand setzen sollten. Da auf den großen Verkehrsknoten – zum Beispiel wurden auf dem Bahnhof Mannheim durch den Luftangriff am 1. März 1945 bis auf Stellwerk 2 sämtliche Stellwerke zerstört - und auch auf kleineren Bahnhöfen immer mehr Stellwerke ausfielen und dadurch der Eisenbahnbetrieb empfindlich getroffen war, stellte die Reichsbahn mobile Stellwerke zusammen.

Meist waren es Tonnendach-Güterwagen mit dem elektromechanischen Stellwerk des Typ E 43, die so lange bestehen bleiben sollten, bis die laufenden Reparaturen beendet waren. Tatsächlich

■ **Die Gleisbildstellwerke wirken auch wegen der Relaisräume so wuchtig. »Ow« in Ottersberg wurde 1968 vom mechanischen zum Gleisbildstellwerk umgebaut, die Relais kamen in den Anbau, der größer ausfiel als das eigentliche Stellwerk (1980).** Foto: Wiesmüller

■ **Ein riesiges Stellwerk für den kleinen Bahnhof Ahrensfelde (1994).** Foto: Preuß

hielten sich einige dieser Provisorien sehr lange, wie in Oranienburg, Kassel Hbf oder in Hanau. Einige dieser Stellwerks-Wagenkästen wurden nach dem Kriegsende des besseren Überblicks wegen auf hohe Betonsockel gestellt (Salzwedel).

Nach dem Zweiten Weltkrieg förderten verbesserte Konstruktionsweisen und neue Baustoffe eine neuartige Stellwerksarchitektur, oder es wurde zumindest an die Neue Sachlichkeit angeknüpft. Wie an anderer Stelle bereits bemerkt, wurden die Stellwerksbezirke durch die Gleisbildtechnik immer größer bis hin zum Zentralstellwerk, das allein den Bahnhof beherrschte. Dementsprechend wurden die Türme immer höher (bis zu sieben Geschossen) und erhielten Aufzüge, ging man doch davon aus, dass bei aller Automati-

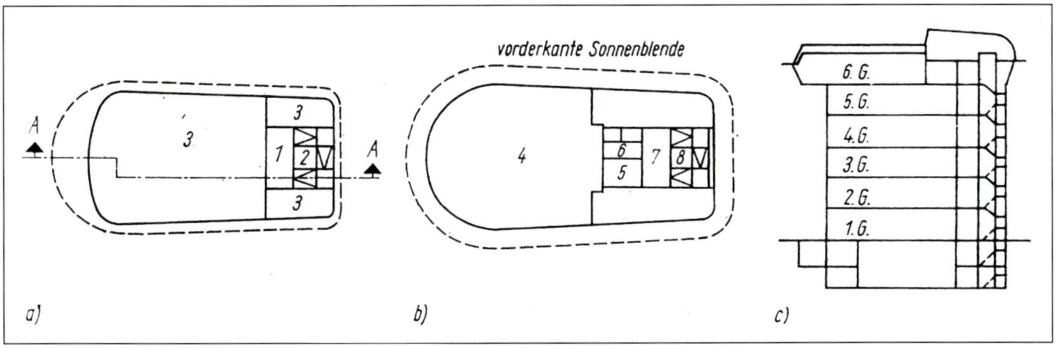

Grundriss und Schnitt des Zentralstellwerks in Frankfurt (Main) Hbf:
a) Grundriss des ersten bis fünften Geschosses, 1 Treppenhaus, 2 Aufzug, 3 sicherungs- und fernmeldetechnische Räume
b) Grundriss des 6. Geschosses mit Kanzel, 4 Stelltischraum, 5 Teeküche, 6 Abort, 7 Treppenhaus, 8 Aufzug
c) Schnitt A–A
Aus: Grabner »Eisenbahn-Hochbauten«

sierung der betrieblichen Abläufe Fahrdienstleiter und Wärter das Gefühl haben müssten, mitten im Eisenbahnbetrieb zu stehen. Jo Franzke behauptete 1984 in einem Architekturbuch unter Hinweis auf das Zentralstellwerk in Frankfurt (Main) Hbf: *»Berlin hat mit seinem in der Mittelmäßigkeit versinkenden Nachkriegs-Eisenbahnverkehr nichts Vergleichbares zu bieten.«* Die einstige Eisenbahn-Metropole Berlin besaß aber noch bis zur Wende in das 21. Jahrhundert eine Vielfalt an Stellwerksbauten.

Auch die Bauwerke der 50er-Jahre in und um Berlin zeigen trotz der vielen Einschränkungen, die sich Architekten und Baufachleute auferlegen mussten, Geschmack. Typische Beispiele sind die 1954/1955 von Stottmeister errichteten Stellwerke Grünauer Kreuz, Flughafen Berlin-Schönefeld, Glasower Damm, Genshagener Heide und Potsdam Hbf (Potsdam Pirschheide) am Berliner Südlichen Außenring.

Woanders wurden als Zeichen der neuen Zeit mächtige Türme errichtet, wie in Seddin, München Hbf und Osnabrück. Bekanntestes Beispiel ist das Zentralstellwerk in Frankfurt (Main) Hbf, vollständig in Betrieb genommen am 11. August 1957. Es war das Größte der Bundesbahn und vereinigte die betrieblichen Aufgaben für den Hauptbahnhof und von 22 Betriebsstellen, was neue Formen der Betriebsausübung und -überwachung erforderte. Der Bedienerraum befand sich im 5. Obergeschoss, wo fünf Stelltische im Halbkreis aufgestellt waren. Im Mittelpunkt des Halbkreises, etwas erhöht, hatten die beiden Bahnhofsfahrdienstleiter ihren Platz, zu dem eine besondere Meldetafel gehörte, über die sie hinwegsehen konnten.

Dieses Stellwerk wurde zu einem Symbol der »Neuen Bahn«. Es stand für den Wandel von der Dampfeisenbahn zum modernen Verkehrsunternehmen. In Fachkreisen galt es als vorbildliche Architektur. Fünf Jahre später, 1962, ließ sich die Bundesbahn in München Hbf abermals einen dominanten Blickpunkt bauen, der in einer Architektenzeitschrift als *»New Look der Deutschen Bundesbahn«* kommentiert wurde. Auch hier legte man Wert darauf, dass das Stellwerkspersonal einen möglichst guten Überblick auf die Bahnhofsanlagen erhielt. Zwischen den Gleisen neben dem Mittelpfeiler der Hackerbrücke, einer den Hauptbahnhof überspannenden Straßenbrücke, betrug der Gleisabstand nur 14,16 m. So war man gezwungen, das als Stahlbetonbau konstruierte

Symbol der »Neuen Bahn« (1991) – Stellwerk in Frankfurt (Main) Hbf. Foto: Reiner Preuß

Die Kanzel des den unteren und den oberen Bahnhof von Osnabrück Hbf überragenden Stellwerksturms wird eigentlich nicht benötigt (2002). Die Fahrdienstleiter sitzen vor einem Wandbild. Foto: Preuß

Gebäude über dem Erdgeschoss beiderseits auskragen zu lassen. Der Bedienerraum im fünften Obergeschoss wurde als Kanzel mit stark geneigten Fenstern ausgeführt.

In Berlin war das Zentralstellwerk Grünauer Kreuz mit der Rundumverglasung der obersten Geschosse und den umlaufenden Blendschutzdächern ein Beispiel für ausgewogene Proportionen, wie sie bei späteren Zentralstellwerken nicht immer erbracht werden konnten. Auch hier ist in der Vielzahl der Gleise, Dämme und Brücken das Stellwerk die Dominante.

Bei den Gleisbildstellwerken fällt der massige Baukörper mit bis zu 6000 m^3 Rauminhalt auf, dessen Größe sich nach dem Bedarf an Räumen für Relaisgruppen und die Stromversorgung richtete. Diese Räume konnten entweder nebeneinander oder übereinander angeordnet werden, Letzteres führte bei Zentralstellwerken zur gewünschten Hochlage des Bedienerraums. Dass dieser Gebäudeblock nicht immer freundlich aussieht, liegt an der fensterlosen Front. Die Relaisräume müssen ganz dicht schließend und fest stehend konstruiert sein. Meist wurden künstliche Be- und Entlüftungsanlagen vorgesehen, auch Klimaanlagen. Dem Architekten blieb dann nur, Varianten für den

Das Stellwerk in Satzkorn gehörte zu dem ersten Typenbau von Gleisbildstellwerken, die nach 1961 für die kleinen Bahnhöfe am Berliner Außenring entworfen wurden (1995). Foto: Preuß

Baukörper mit dem Stelltischraum und den Nebenräumen zu finden.

Als bis Ende 1963 bei der Bundesbahn 580 Gleisbildstellwerke in Betrieb genommen worden waren, rückte die bauwirtschaftlich begründete Standardisierung von Gebäudetyp oder Raumeinheit erneut in den Vordergrund, ging man doch davon aus, dass die stellwerkstechnische Ausrüstung aus genormten, in Serie gefertigten Elementen bestand, deren Größe und Zahl von der Aufgabe des Stellwerks bestimmt wurden. Nun konnte man zwar die Raumgrößen normen, die Zuordnung der Raumzellen aber, ob übereinander oder nebeneinander, musste man den örtlichen Verhältnissen überlassen. So bildeten sich seit 1962 zwei Stellwerkstypen heraus: Der Bedienerraum als mehrseitig verglaster, selbstständiger Bauteil auf dem ein- oder mehrgeschossigen Baukörper, der die technische Ausrüstung enthielt, oder der Bedienerraum im mehrgeschossigen Baukörper. In beiden Fällen entstanden überzeugende, z.B. »Gf« in Geislingen (Steige), aber auch hässliche Ausführungen wie in Alfeld und Minden. Außerdem verbreitete sich im Stellwerksbau ein Gebäudetyp, dessen Architekt sich die Anregungen aus einem Spielbaukasten geholt haben muss, wie das Beispiel des Bahnhof Biblis mit seiner Rundform zeigt.

Etwa zur gleichen Zeit beschäftigte sich der Entwurfs- und Vermessungsbetrieb der Deutsche Reichsbahn (EVDR) mit der industriellen Montagebauweise von Großblöcken für Stellwerke auf Bahnhöfen mittlerer Größe. Vorausgegangen war der fieberhafte Aufbau des zweiten Gleises auf dem westlichen Berliner Außenring, das durch die Abriegelung der Grenze in Berlin und die Abschnürung der Verkehrswege dringend benötigt wurde. In aller Eile musste für sieben Gleisbildstellwerke das Wiederverwendungsprojekt »Gleisbildstellwerk in Großblockbauweise (Turm und Flachbau)« entworfen werden. Die Grundzelle bildete das Relaisgebäude, in dem 18 bis 24 oder 36 bis 48 Relaisgestelle aufgestellt werden konnten. Außerdem enthielt es einen Batterie-, Schalt- und Notstromaggregatraum. Der Relaisraum wurde durch einen Turmbau ergänzt, wenn die ständige

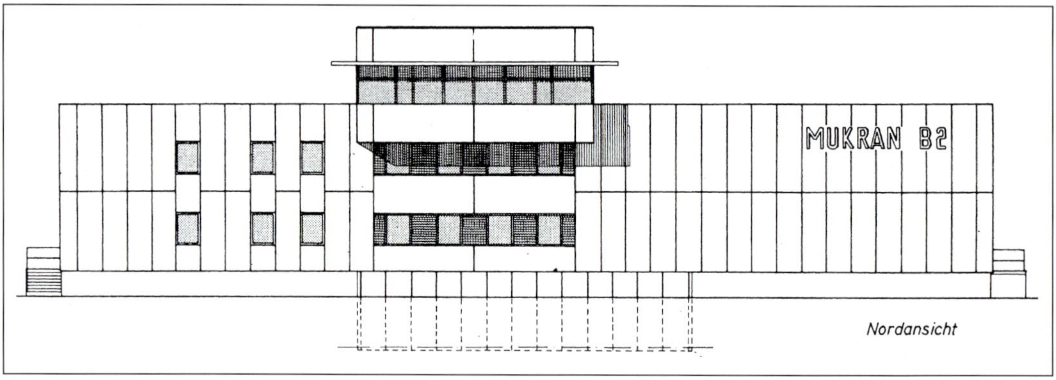

Den zweiten Typenbau von Gleisbildstellwerk finden wir in Mukran, Warnemünde und Frankfurt (Oder).
Foto: Preuß, Slg. Preuß

Besetzung des Stellwerks erforderlich war. Stand der Stelltisch im Empfangsgebäude, blieb das Gebäude allein. Allerdings waren die Kosten 15 bis 20 Prozent höher als beim traditionellen Bau, verteuerten doch die Transportwege zwischen Plattenbaufirma und Baustandort sowie eventuelle Zwischenlagerungen das Projekt. Deshalb kam man wieder auf die herkömmliche Bauweise zurück.

Als die Deutsche Bundesbahn sehr zielstrebig die Spurplantechnik einsetzte, gab es immer wieder Erörterungen, wie der Hochbauanteil billiger werden könnte. Dabei fiel zwangsläufig das Stichwort Standardisierung oder Typisierung an Stelle der von den Bundesbahndirektionen individuell geplanten Gebäude. Die Mehrfachverwendung eines Projekts war die Ausnahme. Als die Zentrale in Frankfurt am Main einen Standard für Stellwerke und dabei Größentypen bestimmte, musste sie den Umfang der jeweils zu installierenden technischen Einrichtungen berücksichtigen. Von 1981 an sollte es vier Größentypen geben:

I 10 bis 30 Stellleinheiten,
II 31 bis 50 Stelleinheiten,
III 51 bis 80 Stelleinheiten
IV 81 bis 160 Stelleinheiten.

Zu jedem dieser Größentypen wurden die Grundrissformen A (quadratisch), B (rechteckig) und C (lang gestreckt, rechteckig) vorgesehen. Ausschlaggebend für den Grundriss war das zur Verfügung stehende Baugelände.

Der Zwang, die Kosten der Investitionen zu senken, schränkte den Freiraum der Architekten ein und führte zu einer gewissen Einförmigkeit bei den Stellwerksbauten. Trotzdem wurde immer wieder die Opulenz der Baukörper kritisiert, trugen sie doch vermeintlich nicht zu den mit der Gleisbildtechnik erhofften Einsparungen bei. Pottgießer verglich die Verhältnisse auf dem Bahnhof Donauwörth vor und nach der Inbetriebnahme des Stellwerks SpDr S 60:

Besaßen hier die sechs alten Stellwerke 2136 m^3 Rauminhalt, brachte es das neue auf 1760 m^3. 44,5 m waren die Hebelbänke lang, die neue Stelltafel nur 8,20 m. Aber statt der 60 Signale waren jetzt 124 angeschlossen. Die moderne Sicherungstechnik führte tatsächlich zu Einsparungen auch im Bauvolumen, wenn auch die Konzentration auf eine Stelle das nicht immer deutlich werden ließ.

Mitunter trennte man die Relaisräume vom Stellwerksbau, der dann filigran ausgeführt werden konnte. Eine solche Typenlösung aus der Tschechoslowakei fand bei den Zentralstellwerken der Strecke Dresden–Schöna, am Biesdorfer Kreuz in Berlin, in Oranienburg, Jüterbog, Güterglück, Luckenwalde und in Biederitz Verwendung. Vom Stellwerksraum hatte man auch hier einen guten Überblick über die Gleisanlagen, der aber von den Fahrdienstleitern kaum genutzt wurde. Denn sie saßen mit dem Rücken zu den Außenanlagen, schauten auf eine Gleisbildtafel, die Gardinen waren meist zugezogen.

Das Gleisbildstellwerk war von der Lage der Weichen unabhängig und konnte vom Gleisfeld räumlich getrennt werden, da der Betrieb mithilfe der Stelltischausleuchtung und mit Rangierfunk auch ohne Blick auf das Gleisfeld aufrechterhalten werden konnte. Dass es trotzdem in Gleisnähe stand, hatte technisch-wirtschaftliche Gründe und sei es nur, um den Aufwand für die Kabel-, Bau- und Unterhaltungskosten gering zu halten.

Tschechische Typenlösung in Dresden-Reick (2001).
Foto: Preuß

Die neueren elektronischen Stellwerke brauchen keine Relaisräume und haben die Nähe zum Gleisfeld ebenfalls nicht nötig (das Bauwerk steht nur noch in Gleisnähe, um Kabelwege zu sparen). Der Zuglauf wird auf Monitoren angezeigt, und dort, wo das Stellwerk eine Strecke steuert, sehen die Fahrdienstleitern die Züge ohnehin nicht – sie brauchen also keine Glaskanzeln oder breite Fensterfronten mehr. In den Fassaden dieser Gebäude finden wir nur kleine Fenster, wie in Eilsleben, manche Stellwerke sind fensterlos

Zwei Stellwerksbauten, die keines Architekten bedurften, sondern nur schnell errichtet wurden:
Zwischen Geestgottberg (1996) und Wittenberge sowie in Leipzig-Kleinzschocher (2001).
Fotos: Preuß

(Berlin-Rummelsburg, Rathenow, Lutherstadt Wittenberg). Der Bediener sieht ohnehin nur auf die Gleise und Züge, wenn er sich in einer Pause die Beine vertritt.

Wurde oder ist das Stellwerk eine Unterzentrale (man nannte es auch einmal Stellrechner) unbesetzt, benötigt es keine Fenster. In ihm hält sich allenfalls das Wartungspersonal auf. Diese Gebäude stehen als genormte Typenbauten unauffällig am Rande des Bahnhofs und dokumentieren auf ihre Weise: Die Ära der Stellwerksarchitektur ist abgeschlossen.

Als man Zentralstellwerke projektierte, nur eben als elektronische Stellwerke, kamen auch zwar standardisierte, doch architektonisch beeindruckende Gebäude zu Stande. Zu sehen in Bingen (Rhein), Hanau und Offenburg.

Sind bei Bahnhofsumbauten Provisorien meist nicht zu umgehen, setzte die Reichsbahn Schlüsselwerke ein, wie im Kapitel 1 beschrieben, die Bundesbahn aber fahrbare Stellwerke, eine Art Lkw-Anhänger, in dem sich ein Stellwerk elektromechanischer Bauart befand. Seit einigen Jahren werden für solche Behelfszustände Container verwendet, in denen sich elektronische Stellwerke befinden. Container wurden auch aufgestellt, um das künftige Personal mit der neuen Technik vertraut zu machen. In ihm wurden der Betriebsablauf auf dem betreffenden Bahnhof oder der Strecke simuliert. Meist saßen die Eisenbahner am Tage im Container, während die Monteure des Herstellers nachts oder am Wochenende vom realen Stellwerk aus alle Funktionen prüften. War das Stellwerk vom Eisenbahn-Bundesamt abgenommen, wurde die ausgelagerte Station an das Stellwerk angeschlossen.

Die Erfahrungen der Hersteller mit den Containerstellwerken führten zur Modulbauweise. Die fertigen und geprüften Module wurden im Werk in die angelieferten Container gebaut, währenddessen man am Standort des Stellwerks das Fundament und die Kanäle für Kabel und Rohrleitungen herstellte. Das komplette Containerstellwerk wurde angeliefert und mit Fassadenfertigteilen verkleidet. Damit sollten der Bau den örtlichen Verhältnissen angepasst und die Gesamtanlage »vor Sabotage und Missbrauch« geschützt sein. Dieses Verfahren hat sich mit den Betriebszentralen sowie den Unterzentralen und ausgelagerten Stellwerken erledigt.

Die letzten Architekturleistungen für elektronische Stellwerke der Deutschen Bundesbahn: Hanau (1995) und Hamburg-Altona (1993). Fotos: Reiner Preuß, DB/Chlouba

Das elektronische Stellwerk im Container stand 1994/1995 in Brandenburg Hbf, bis die Betriebszentrale Magdeburg ihren Betrieb aufnahm (1994). Foto: Preuß

Fahrbares Stellwerk in Aumühle während des Ausbaus der Strecke Berlin–Hamburg (1997): Der mit Holzwänden verkleidete Personenwagen enthielt das elektromechanische Stellwerk der Bauform E 43. Die Ks-Wagen trugen den Aufenthaltsraum sowie den Relaisraum. Die Personenwagen dahinter wurden für die Stromversorgung und die Fernmeldeeinrichtungen gebraucht. Foto: Wiesmüller

9. Anhang

Abkürzungen

AEG	Allgemeine Elektrizitäts-Gesellschaft
BVG	Berliner Verkehrs-Betriebe
DB	Deutsche Bundesbahn
DB AG	Deutsche Bahn Aktiengesellschaft
DR	Deutsche Reichsbahn
ESTW, EI	Elektronisches Stellwerk
EVDR	Entwurfs- und Vermessungsbetrieb der DR
GS	Gleisbildstellwerk
EZMG	elektriceskaja centralizacija malych stancij Germanii, Relaisstellwerk sowjetischer Produktion
NE	Nichtbundeseigene Eisenbahnen
S & H	Siemens & Halske
SEL	Standard Elektrik Lorenz AG
SJ	Schwedische Staatsbahnen
SpDr	Spurplanstellwerk/Drucktasten-stellwerk
Vbf	Verschiebebahnhof
VES	Vereinigte Eisenbahn-Signalwerke
WSSB	Werk für Signal- und Sicherungs-technik Berlin

Ausgewählte Literatur

Arnold, Hans-Jürgen/Naumann, Peter: Stellwerksdienst A–Z. 3. Aufl. Berlin 1986.

Busch, Werner/Zimm, Dieter: Aufgabenstellung und Pflichtenheft (Das modulare Compact-Stellwerk MC L 84). In: Signal + Draht, Hamburg 1985, Heft 7–8

Czygan, Franz: Die Eisenbahn in Wort und Bild, Nordhausen o. J.

Grabner, Horst: Eisenbahn-Hochbau. Berlin 1973.

Hellmuth, Dietrich: Die Fernsteueranlage der Strecke Rostock–Waren. In: Eisenbahn-Jahrbuch 1970, Berlin.

Henke, Artur: Die neue Gleisbildstellwerksanlage auf dem Bahnhof Cottbus. In: Deutsche Eisenbahntechnik, Berlin 1960, Seiten 553 ff.

Klemm, Hans: Beitrag des Sicherungs- und Fernmeldewesens zur Erfüllung der Aufgaben der Eisenbahn. In: Signal und Schiene, Berlin 1985, Seiten 209 ff.

Kubinszky, Mihal': Architektur am Schienenstrang. Stuttgart 1990.

Kuhlmann, Bernd: Die ehemaligen Eisenbahn-Sicherungsanlagen des Südlichen Berliner Außenrings. In: Verkehrsgeschichtliche Blätter, Berlin 1985, Heft 2.

Küfner, Herbert: 25 Jahre Fernsteuerung der Signalanlagen auf der Strecke Nürnberg–Regensburg. In: Signal + Draht, Hamburg 1978, Heft 1+2.

Kuhbier, Manfred: Innovationen vom Strecken-stellwerk bis zu CIR-ELKE. In: Bundesbahn-direktion Nürnberg. Fortschritt aus Tradition, Darmstadt 1993.

Kusche, Wolfgang: Gleisbildstellwerke. 2. Aufl. Berlin 1986.

Lennartz, Karl/Walter, Horst: Einsatz von Elektronischen Stellwerken bei der Deutschen Bundesbahn. In: Eisenbahntechnische Rundschau, Darmstadt 1985, Heft 11.

Mierzejewski, Alfred C.: Bomben auf die Reichsbahn, Freiburg 1988, S. 49.

Nollau, Hans-Jürgen: Grundzüge zur Gewährleistung der Sicherheit beim Einsatz von Mikroelektronik und Mikrorechentechnik in sicherungstechnischen Anlagen. In: Signal und Schiene, Berlin 1988, Heft 5.

Pierick, Klaus/Wiegand, Klaus-Dieter: Die MCDS-Technik als Basismodul einer rechnerintegrierten Prozeßregelung für Bahnen. In: Eisenbahntechnische Rundschau, Darmstadt 1994, Heft 11.

Pottgießer, Hans: Betriebssicherheit und Signaltechnik bei der Deutschen Bundesbahn. In: Eisenbahntechnische Rundschau, Darmstadt 1972, Heft 11.

Pottgießer, Hans: Sicher auf Schienen. Fragen zur Sicherheitsstrategie der Eisenbahn von 1825 bis heute. Basel/Boston/Berlin 1988.

Riße, Konrad: Für wirtschaftlichen Regionalverkehr auf der Schiene - El S Regio. In: Signal + Draht, Hamburg 1997, Heft 1+2.

Roell, Dr. Freiherr von: Enzyklopädie des Eisenbahnwesens, Band 9, Berlin/Wien 1921.

Sasse, Hans-Wolfgang: Zur Entwicklung der Signaltechnik in Deutschland.[1] In: Eisenbahntechnische Rundschau, Darmstadt 1961, Heft 5.

Stapf, Jürgen: Elektromechanisches Stellwerk. 3. Aufl. Berlin 1986.

Stierl, Manfred: ESTW L 90 mit Kombinationssignalen. In: Deine Bahn, Darmstadt 1994, Heft 8.

Stutzbach, Joachim: El S net – Eine neue Lösung für regionale Netze. In: Signal + Draht, Hamburg 2000, Heft 12.

Suwe, Karl-Heinz: Einsatz elektronischer Stellwerke bei der DB. In: Signal + Draht, Hamburg 1987, Heft 12.

Suwe, Karl-Heinz: Elektronische Stellwerke bei der Deutschen Bundesbahn. In: Die Bundesbahn. Darmstadt 1985, Heft 8.

Wehner, Ludwig: Das Stellwerk SpDr S 600. In: Signal + Draht, Hamburg 1978, Heft 3.

Begegnung mit Elektrotechnik, Elektronik und Mikroelektronik. Das Siemens-Museum in München. Berlin/München 1991.

Eisenbahn-Sicherungs- und Fernmeldetechnik, Lehrbrief 8, 2. Auflage, und Lehrbrief 11, 1. Auflage, Ingenieurschule für Eisenbahnwesen Dresden 1960.

1 Sasse schreibt nur über Signaltechnik in der Bundesrepublik Deutschland.